大方之道

为人之道　成长之道

张大芳　著

中国城市出版社

图书在版编目（CIP）数据

大方之道：为人之道 成长之道 / 张大芳著 . —
北京：中国城市出版社，2021.12
ISBN 978-7-5074-3438-5

Ⅰ.①大… Ⅱ.①张… Ⅲ.①成功心理—通俗读物
Ⅳ.①B848.4-49

中国版本图书馆 CIP 数据核字（2021）第 266816 号

责任编辑：张礼庆
责任校对：李美娜

大方之道
为人之道 成长之道
张大芳 著

*

中国城市出版社出版、发行（北京海淀三里河路 9 号）
各地新华书店、建筑书店经销
逸品书装设计制版
北京京华铭诚工贸有限公司印刷

*

开本：880 毫米×1230 毫米 1/32 印张：5¾ 字数：124 千字
2022 年 1 月第一版 2022 年 1 月第一次印刷
定价：**49.00** 元
ISBN 978-7-5074-3438-5
（904430）

"道无穷"，出自《老子》。

老子曰："道之出口，淡乎其无味，视之不足见，听之不足闻，用之不足既。"意思是说，道，原本就寻常而普通，如果对别人讲解描述，听起来好像也没有什么出奇之处，感觉平淡乏味，既不能观察它，也无法听到它，但是"道无穷"，它的作用却是无穷无尽的。

道的作用为什么无穷无尽呢？因为大道是宇宙万物的起始和来源，是大千世界的本质，是造就并推动一切现象和存在的根本力量。老子说，同于道者，道亦乐得之，让自己的言行举止合乎天道法则，那么大道也会以积极的力量促成他。我们若想获得更多的福报好运，就应该让自己遵循天道，遵从法则，踏踏实实做人，本本分分做事，除此之外，别无他法。一个人能做到放下私欲，同于大道，往往可以返璞归真，去伪存真，进而去掉枷锁，心灵才能重获自由。很多人之所以疲惫不堪的活着，就是因为欲望太厚重，不堪重负，得失心太重，不能看清局势。很多人有这样的疑虑：我不争，是不是什么机会都没有？你争，或者不争，并没有多大作用力，就像一枚硬币投入大海，能掀起多大的波澜？就算你躺着睡大觉，地球也照样转，所以，其实用蛮力根本改变不了什么，只需要把你自己做好，开开心心的生活，踏踏实实的做事，该来的总会来，该有的总会有，最终应该属于你的一样也不会少。所谓当局者迷，得失心会干扰你的思维，做出错误的判断和抉择。反过来，你把什么都看淡了，不那么在意了，不特别计较了，头脑反而清醒了，思路也就清晰了，心情也变得开朗了，做事情就事半功倍，可以得心应手，左右逢源，即便没有想过成功，但是，客观规律不会让你失败，天道法则必会助你成功。

姐姐的坚强是你看到的，妹妹一般的柔弱是我今生的奢望。

　　你所看到的坚强，不过是我无奈的伪装，你所以为的风轻云淡，不过是我风霜雨雪，独自承担。跌倒了，再爬起来，无助时，坚强挺过！再苦、再累，只能微笑着继续前行。

　　面对人生的坎坷，没有谁，天生就是个女汉子。

——作者题记

征途漫漫　唯有奋斗

　　《大方之道》是张大芳同志以自己三十多年丰富的农村金融职业生涯写就的心力之作，既是一位农村金融工作者成长过程的真实写照，也是作者工作实践中的心境写实和人生经历的真情感悟。本书从作者的视角为我们讲述了一段农信发展史，向我们展现了奋发图强的农信人的不懈追求，反映了我们伟大祖国改革开放以来农村金融事业取得的成就。它告诉我们，农村信用社改制成为农商银行，变的是产权制度，不变的是职责定位；变的是发展方式，不变的是发展方向，作为现今支持农村经济发展的主力军，实现金融普惠是它永恒不变的初心。作者坚守"梦想从学习开始，事业靠本领打就"的理念，用自己经历过的酸甜苦辣和幸福喜悦，让我们细细品味了农商行人的昨天、今天，展望了明天，体现了满满的正能量。张大芳同志是江都农信人的优秀代表，我为有这样的老乡感到骄傲。

行大道，方可图远行。作者秉承了"善、直、诚、信"为人处世的基石，知晓有风有雨是常态，风雨无阻是心态，风雨兼程是状态，以乐观向上、充满阳光的心态对待自己，去感染每一个人。坚信路虽远，行则必至；事虽难，做则必成。我们在人生的征途中，是对智慧的求索，对存在的积淀，对顿悟的催生，也是对"一草一木，比涵至理"的记录。一个人的品格，应该是一目见底的清水，大德大智隐于无形。老子说：生而不有，为而不恃，长而不宰，是谓玄德。老子告诉我们创造了东西却不占有，做出了功绩却不自恃功劳，养育了东西却不主宰它的命运，这才是深妙的德。社会生活中，积淀下来的无数人生个例，往往都具有教科书的价值，《大方之道》，亦是作者的为人之道，成长之道，可以去里面寻找生活的理念，以借鉴人生参照，引起我们对人生慎始与慎终的思考。

不忘初心，方得始终。人的理想信念之火一经点燃，就永远不会熄灭。习近平总书记强调："理想信念不是拿来说、拿来唱的，更不是用来装点门面的，只有见诸行动才有说服力"。我们要在经风雨见世面中长才干、壮筋骨，练就敢于担当勇于作为的硬脊梁、铁肩膀、真本事，把牢理想信念"总开关"，在大是大非面前旗帜鲜明，在风浪考验面前无所畏惧，在各种诱惑面前立场坚定，在关键时刻让党和人民信得过、靠得住、能放心。

征途漫漫，唯有奋斗。我们要始终牢记"国之大者"，聚焦服务实体经济、防控金融风险、深化金融改革三项任务，健全农村金融服务体系，不断增强金融服务新发展格局的能力，不负明天的伟大梦想，埋头苦干，勇毅前行，为实现习近平新时代中国特色社会主义金融事业的高质量发展而不懈奋斗。

中国金融思想政治工作研究会
中国金融文化建设协会　　副会长兼秘书长　濮旭

2021年11月16日于北京

人生在勤　勤则不匮

捧着手机拜读了张大芳监事长撰写、行将出版的《大方之道》。合机而思，感慨万千。过往的相处，我感知她直率、坦诚、担当、阳光。而今看到了书中的她，认知铸就她的是抱负、执着、自强、练达。

这部自传既是一位普通农村金融工作者历练成长中感悟、心境的写实；也是农村信用社顺应改革由小到大，由弱到强的纪实；更是我们伟大祖国改革开放四十多年成就的农金缩影。她为我们注入了"梦想从学习开始，事业靠本领打就"的正能量。

我是2009年10月至2013年6月先后担任江都农村信用联社、江都农村商业银行党委书记、董事长。张大芳同志时任江都农村信用联社副主任、江都农村商业银行副行长。

在江都工作期间我主抓了机制转换、普惠金融、企业文化"三大工程"。在班子成员、中层干部和全体员工努力下"三大工程"得到了有效实施，实现了单位在全省年度考核名次大幅前移、员工薪酬大幅提升的工作目标。

在这"三大工程"实施过程中，张大芳同志均展现出她执行果决、克难而进的"女汉子"气质。

"流程再造"，她与外聘的专业团队、中层干部通宵达旦，闭门研讨。"薪酬改革、机构优化"，她主动与抵触者沟通谈心。她分管前台，除了营销压力外，普惠金融进村入户、小微企业基础授信、贷款利率动态管理、两权一中心创新服务成了她挑战的"擂台"。我深知她使出了浑身解数、动用了她能及的人脉资源，和班子成员一道，真实有效地实现了目标任务。为了使企业文化有效落地，她提议建立了第三方暗访举措。总行为了节约成本，长效做好对外形象宣传，决定在辖区主要交通要道新建十座左右高炮广告。这项任务涉及交通、工商、园区、乡镇、村组、农户，其艰难程度可想而知。可就是这块"硬骨头"，还是被她和团队啃下了。

为了宣传金融产品、活跃员工文化生活，总行组建了近50人农商行艺术团，张大芳同志任团长。艺术团不但承担了单位联欢、乡镇园区巡演任务，还承担了区政府2013年花卉节主场演出。可圈可点的是当时总行的七名领导班子成员器乐合奏《杨柳青》。我和副行长徐海有点器乐基础，其他都是"零基础"。指导老师分工我和徐海二胡、朱永权行长铜铃、葛晔宝监事长木鱼、张大芳副行长扬琴、杨亮副行长电子琴、朱勇生副行长电吉他。

班子成员"跨界"登台压力山大。经过老师一个多月业余时间排练指导，大家进入了状态。当时我看到张大芳同志把扬琴搬到了办公室，晚上下班后啃面包苦练琴。

在总行举办的国庆联欢会上，班子成员器乐合奏演出成功。台下中层干部、员工鼓掌喝彩，高呼"再来一首"！你说行吗？他们知道我们只有一首。一位中层干部说，班子演出合奏目的是要大家明白：优美的旋律，所有的合奏人必须上下同频共振。

人生在勤，勤则不匮。个人的定力决定了她遇艰难不退缩，遇坎坷不气馁。偶有不顺和误解，她闭门流泪。一旦进入工作状态，她又是满面春风。检查工作发现不足，现场"雷霆"，事后释谅。员工、中层干部在工作、生活中遇到难题时，她是迷津筏、暗室灯。在她身边，我总感觉到有一个生机勃勃、精神奋发的团队，为了抱负，为了目标他们绝尘而奔！

芳林新叶催陈叶，流水前波让后波。《大方之道》是人生的里程碑，是人生一道亮丽的彩虹。给自己品味，给他人品悟。

莫道桑榆晚，为霞尚满天。退休是人生真正美好生活的开始。祝大芳人生之道晚年更精彩！

原江苏仪征农村商业银行董事长　章政远

2021 年 10 月

大芳大方　敢作敢当

　　很高兴看到大芳同志所记述的，关于她35年金融职业生涯的心路历程。原以为她只是随口说来的一句话，没想到这么快她的文章就出来了。看到她所记载的这么多年的点点滴滴，由衷地佩服她的好记性与行动力。

　　1987年10月，江都信用联社在小纪镇举办信用社会计培训班时，我认识了大芳。后来江都信用联社同事13年，一起筹建联社营业部，一起参加专升本入学考试，直到我分管联社营业部及计划财务科工作期间的相处，她给我的印象：一直是一位活泼开朗、聪明好学、工作认真、关心同志、积极上进的人。无论身处哪个岗位，她总有一股很强的凝聚力与号召力。爱憎分明、容不得沙子是她的个性，偶尔也会让人感到太较真，觉得不适。这样的性格，虽然在她工作的某一阶段，给她带来了一些影响，但她始终坚持着"我就是我"。终究，她鲜明的个性还是得到了大多数人的认可，也成就了自我。

　　大芳的个性里还有坚强与豁达的一面。2013年她身患重症时，能够坦然面对，手术后，她更是积极地面对人生。从农商行高管岗位上退居二线后，她适时调整转变自己，有所为，有所乐，从无怨言。在她的传记中，我们可以看到，大芳来到农信社，从一个新人成长为一个高管的坎坷历程，可以感受到她在这背后所付出的汗水与经受的磨炼。

2000年，我离开了江都信用联社，后与大芳接触不多。直到2016年她退居二线后，我请她到我所在的基金公司做顾问，才更多些来往。通过她工作中表现出的待人接物和协调能力，能够感受到她在担任高管后得到的历练与成长。

高管岗位上做好具体的工作是最起码的要求，处理协调好方方面面关系，形成合力才最重要。这方面，与大芳共事的几届班子领导都认同：大芳很不错！

做领导，带领大家做比自己做更重要，这一点，大芳在任部门负责人时就有很好的表现。担任信息科技部负责人时，大芳不是十分精通电脑，但能充分调动专业技术人员的积极性。江苏省联社上系统工作期间，她更是勇于担当，敢于负责。

大芳的工作作风如同她的性格，既干练利索又细致谨慎。在基金公司顾问期间，她牵头负责某一家企业的融资项目，为弄清项目的投资经营情况，她不远千里实地调研，账册、合同、发货单、用电量环环相扣，她逐一了解。由于风控措施谨慎，确保了项目资金安全回笼。

还有一次投资是外地的一个项目，在项目未到期时，她发现了项目方在资金使用上有些异常，立即跟踪上去并采取了相应的有效措施，排除了资金风险。

做好工作的同时，大芳不忘家庭的传承与子女的教育。婆媳关系是家庭的难点，大芳与儿媳的关系就像母女一样，关爱有加的同时教儿媳学会担当。"参与不干预"是她与儿子、儿媳之间相处的原则，也是大芳教给儿子、儿媳夫妻之间的相处之道。

她是积极人生的践行者，也引领了一批志同道合的同路人。本书不只是记述了大芳同志35年的成长历程，同时也折射出江苏江都农村商业银行这35年来的迅猛发展。相信本书的出版会给更多的年轻人以启发，并激励他们直面人生，奋发向上。

最后，祝愿大芳：在今后的人生旅程中拥有更多的快乐与精彩！

原江苏江都信用联社副主任

现青松家族办公室董事长　　卞方平

2021 年 6 月 15 日

目录

写在前面的话

2016年11月，我退居了二线，如奔驰的马儿歇下了脚。

一晃，已是2020年的岁末，还有半年，我便正式退休。

退居二线的日子里我想了很多很多……35年的金融职业生涯，最终定格在江苏江都农村商业银行监事长、江苏江都农村商业银行纪委书记的位置上。

此际的我总想着应该做点什么。年轻时候读书，看到过这样一句话：每个人的人生经历都可以写成一本书，即便这个人再平凡不过。我想：即便写不成书，我也可以写一写自己这35年来的金融职业生涯。年轻时候的我，也曾做过作家的梦！那就当圆一回曾经的梦好了。

想法归想法，一直没有付诸实际，偶尔与要好的朋友说起，也只当是一回笑谈。此刻，真的动笔了……

人行一程，难免回顾。35年过去，其间经历了多少事，相遇了多少人？一念刚起，往日的那些人、那些事，便纷至沓来。

35年金融职业生涯，25年的时间在管理的岗位上。无论身处中层，还是位居高管，我一直把"当官不为民做主，不如回家卖红薯"作为自己的处世信条，每每遇事总是把员工的利益放在第一位。

人的一生，付出和回报总是成正比的。没有凭空降临的好运，也没有一蹴而就的捷径，每个人都是通过自己的努力，去决定生活的样子。想要的人生，要靠自己去成全。

一直以来，我秉承："善、直、诚、信"是为人处世的基石。所谓"善"，就是为人要善良，凡事要从"善小"入手；所谓"直"，就是为人要正直，处理事情，不要首鼠两端，更不要畏惧权贵；所谓"诚"，就是待人要真诚，人与人相处不要尔虞我诈；所谓"信"就是做人要讲信用，人无信则不立。

人生苦短，若有来世，我还会义无反顾地选择"江苏江都农村商业银行"，因为今生的积淀，我会干得更好！只是，世事没有如果。

金融职业生涯临近结束之际，我写下了这篇文字。你尽可以看成是秋天里的一片落叶，但我却是满心欢喜，我的心底、我的眼中满是盎然的春意！江苏江都农村商业银行的未来一定会更加美好！

2020 年 12 月

于江都

云帆初起

——机会总是留给有准备的人

在水之湄

中国有句古话：台上一分钟，台下十年功。我们常羡慕别人的机遇好，羡慕命运对别人的青睐，羡慕别人的成功，却没有看到别人荣耀和鲜花背后所付出的艰辛。机会总偏爱有准备的人，因此，想要成功，想抓住机会，从现在开始收拾好行囊，做好准备，当机会轻轻地叩响门扉时，我们就会沉着地应和一声，踩着它的节拍，旋转而去。

人有家乡，或依山，或傍水。真有那居处，依山又傍水，当真是再好不过，这样的情形有，这样的情形不多。

我的家乡丁沟镇傍水，我的家靠水而居，紧挨着水。因为在河的西边，家之所在便叫作了"沿河西街"。

……

1986 年高考，我仅以几分之差，名落孙山。那回高考，物理只考了 34 分。十多年的寒窗苦读，我本满怀着希望，想通过高考跳出农门……

我不服输，放弃了几次可以"深造"的机会：当时，江都县（注：家乡的县城）教师队伍人员比较匮乏，教育局为了加强教师队伍建设，便从高考落榜生中挑选委培生——边到学校教课、边到高校学习。我在收到扬州师范学院录取通知书的同时，被分配到了江都县丁沟镇中学任数学老师，

大方之道
为人之道 成长之道

由于我不喜欢教师这个职业而放弃。另外一个机会，也许一定程度上是因为父亲的缘故，某企业要送我去江苏省化工学院化学系委培，结果也被我拒绝了。

我要继续复读，准备再次高考！父母见我执意坚持，只好依了我。

1986年12月，父亲得到信息：江都县农村信用合作联社（注：以下简称"江都信用联社"，其乡镇网点叫"信用合作社"，以下简称"信用社"）正在招工，全县共收60人，要求是高考落榜生，依照高考成绩由高到低录取。得到信息的父亲立马替我报了名，我的高考分数与高考录取分数线仅几分之差，被信用社录取，自然是意料之中的事。

要说我最终答应父母到信用社上班，更多的缘故是不想让他们为我操太多心。复读自然结束，大学成了遥远的梦。

那年的冬天，真的很冷，老家的老山阳河都封了冰……

我的家乡丁沟镇，地处江都腹部。有河，叫山阳河，南北向，穿镇而过，主流向北，支流向东，河道成"丁"字形状，小镇因河而兴，故名"丁沟"。

20世纪60年代，江水北调，在山阳河的东边又开了一条河，其规模超过山阳河数倍。山阳河就成了老山阳河，新开的河成了新山阳河。两河之间的老山阳河东渐渐地成了镇的中心所在，信用社就在镇中心最繁华的地方。

说上班就上班了，报到的日子是1986年12月31日，我被分配到丁沟信用社。本以为只要去报个到即可回家迎新年，谁知道第一天上班就忙到了深夜。信用社主任接过我的报到介绍信，就把我带进了营业间（那时进营业间没有现在要求严格），只见营业间内的每个人都在低头忙碌着，主任直接把我介绍给主办会计："这是新来的小同事，今天年终决算，大家都很忙，安排点力所能及的事情给她做吧！"大家也许真的都缺一个帮手，主任话音刚落就有人喊："快过来帮我！"循声看去，一个人捧着一摞像卡片一样的东西正走过来，他让我帮着将卡片上的姓名和金额抄到一张表格上，抄完连同那部分卡片交给他。只见他用算盘飞快地将卡片上记载的金额加起来，又将我抄的那张表格数字加起来，两个数字完全一样，他笑眯眯地说"小姑娘，干得不错，就这样继续抄哦！"当时我心想："银行的人真是闲得无聊了吗？干嘛把这些卡片上的内容拿出来抄写呢？难道银行就做这些事？"虽然我的父亲跟他们都很熟，但是作为第一天报到的我还是不敢问师傅们为什么要这么做。就这样一直抄到夜里十二点多，感觉自己就像一台"打印机"似的一张一张地抄着那一个个名字和一串串数字。那天我们一直忙到凌晨一点多才结束，最后大家一起在食堂吃了夜宵才回家。后来我知道那天抄的都是储户存款的存根联，年终决算时要进行"账户核对"。第一天报到就看到师傅们为哪怕是一分钱的误差，都在一遍一遍地进行着他们口中的"找账"，我立马对银行工作充满严肃感和神圣感。

当时，我的第一任师傅是顾秋平，别看他平时言语不多，但在教我如何记账、怎么计息的时候，却解释得非常详细，特别有耐心。因为勤快好学，再加上师傅教导有方，我很快就掌握了基本的业务技能。当时的丁沟信用社人手少。一周后，师傅们看我悟性不错，在向领导建议并得到批准后，终于让我临柜面对客户了（注：那时无须持证上岗）。

能够这么快地独立临柜，除了我自身的努力外，师傅们的言传身教也非常重要。这种师带徒的方式，是一种非常传统的传承方式，也是一种非常有效的方式，千百年来为各行各业所广泛传承。当然，随着时代的进步，每个行业培训新人的方式都在改变，同时新人们的心态也在变化。现在农商行的年轻员工，至少是本科学历，有的还是硕士研究生。他们中的有些人，认为自己是科班出身，学历高、脑子活、知识面广，自然就无法放低自己去虚心求教。工作中遇到难题，不好意思张口，仅靠自己些许的经验和书本知识来处理。这两年，从江苏省联社到农商行的新人培训机制也在改变，一般采用全省集中培训一个月、农商行再集中培训一个月的方式。往往他们的理论知识能过关，但实际操作经验几乎为零，还不能达到上岗的要求。而师带徒的方式，通过"边干边教、边干边学"，可以让新员工更快地掌握操作技能、更好地融入团队，形成团队的"梯队建设"，也能让"师傅"体验到更多的职业成就感，既培养了徒弟也有效地锻炼了师傅。

初次分配我的岗位是复核：储蓄记账的复核和现金出纳的复核。现金复核还算凑合，虽然那时没有点钞机，但也不用担心假币，只是我点钞的速度有点慢。储蓄复核让我有点头大，特别是储蓄利息的复核，虽然一直比较努力地跟师傅学习计息的方法，但是对于一些年代久的以及有贴息的存单利息计算，我就晕了。至今都记得有一天下班进行利息复算时，发现多付出7.8元给客户了。按规定我必须要承担一半的赔偿责任，但是当时的储蓄记账员、我的师傅顾秋平硬是没让我赔，他说："你刚上班不太懂，算错了是我这个师傅没把你教好，责任在我。"从此以后我便知道在银行工作并不是想象的那么轻松，工作中不能有半点大意，否则自己的工资还不够赔偿呢！

1986年12月与我同时进丁沟信用社的还有一位男同事。当时的丁沟信用社有个传统：新进单位的员工承包班前扫地、抹桌子、抹柜台等整理卫生的工作。我们俩同样接过了前任打扫卫生的工具，暗暗争抢着做，甚至出现了一个比一个早到单位的情况。老员工到点上班，看到整洁明亮的办公环境，人人称赞。正是从那一刻开始，"信用社是我家，以社为家"的意识渐渐印入了我的脑海。

那会儿，父亲是丁沟镇皮件厂的厂长，平日里与农业银

勤学苦练（该图摄于1986年进社之初）

行、信用社领导的关系都很好（注：当时的信用社隶属于农业银行），但我没有因此对工作有丝毫懈怠。大多数情况下，我每天都是第一个上班，到单位打扫卫生，为师傅们烧茶、倒水。我也常常是最后一个下班，主动跟师傅们学习打算盘，算储蓄利息，学记账、轧账。

至1991年年底，我一直都从事着储蓄记账员的工作。当时丁沟信用社的活期存款约1300多户、余额224万元；定期存款约12000多笔，余额1137万元。每天柜面上客户络绎不绝，因为客户多，所以我都尽量会在最短时间内处理完毕每一笔业务。

即便如此，我也曾因为粗心、不踏实，造成过一次业务差错。大概是1990年，我开出了一张大小写不符的存单，客户实际存款3000元，存单上大写：叁仟元整，小写：300.00。由于当时尚未实行存款实名制，我几乎跑遍了丁沟的十三个村，最后在村干部的帮助下，才找到这个客户。这次差错让我深深体会到银行工作真的来不得半点粗心大意，这不只是对客户的一份承诺，更是对自己这份工作的责任。正是由于这份认真和努力，工作不久，我被聘为丁沟信用社的政治辅导员。

工作以后，我对未能踏入大学校门一直念念不忘，心中充满着向往。当时的信用社主任基于我"业余学习、费用自理"的承诺，批准我报名参加1987年的成人高考。1987年6月，我以高分顺利地通过了成人高考，被南京大学经济管理专业（大专函授）录取。

那时候，全国实行的还是单休日，即每周只有周日是休息日。银行却是天天要开门营业的，网点人手也不是很足，基本上"一个萝卜一个坑"，因此，周日值班只有大家伙儿轮着来。为了不耽误上课，只要周日无事，我就主动帮同事值班，为的是多节余假期，以便于参加函授面授时可以顺利地找到帮我值班的人。

平日里，我尊重领导、团结同事，与大家和睦相处。工作中，不论分内分外，我都尽可能地多做一些力所能及的事；工作之余，我还常常辅导同事的小孩子做功课，帮助参加成人高考的同事补习。

小镇一家"亲"，农行、信用社的员工相处得和一家人似的。平时，大家偶尔会互相开个玩笑。刚工作那会儿，我在单位年龄最小，从道理上讲上班的人就该有大人的稳重样了，不应该再有孩子般的调皮，但是我骨子里的那种爱"捣蛋"的童心尚存。小镇不大，由于大家不是住在单位就是住在镇上，上班不是步行就是骑自行车。记得有一次，同事骑自行车到单位，他把车停在单位院子里，就进营业间准备上班了，车并未上锁。我看着未上锁的自行车暗自窃喜，工作中途在大家不注意时跑过去"帮"他把自行车锁上，顺手把车钥匙"放"在自行车的坐垫下面，然后若无其事地去上班。下班时，只见那同事里里外外的到处找钥匙，他还嘟囔着："记得我的自行车没上锁，怎么就锁上了呢？哎，我把钥匙放哪里去啦？"看他找得有些着急，甚至准备撬锁，我走过去从坐垫下取出钥匙扔给他，趁他没反应过来时我一溜烟"逃走了"。现在想想，像这样的事情在丁沟信用社我确实干过不少。由于我平时"作恶多端"，大家也找机会"收拾"我。记得一回周日值班，信贷员刘立平趁我下班推账款箱进库房时，"伙同"另外一个同事把我关在了库房里，他们非得逼我承诺以后不再"捣蛋"整人，同时还逼着我叫他们俩"舅舅"。在那黑乎乎的库房里，我吓得毛骨悚然，只好心不甘情不愿地按他们的要求作出承诺，还叫他们"舅舅"，这就是所谓人在屋檐下不得不低头哦！

早在20世纪七八十年代，刚入社的员工不像现在省联社及行里会安排一系列的专业培训班，而是和老一辈农信人跟班学习一段时日后就从事临柜业务或信贷业务。前辈的经验当然需要传承，但由于当时信用社对业务的操作没有统一的规范，对员工的技能也没有统一标准，导致传授的工作经验也因人而异。

随着信用社业务的不断拓展，规范化的管理已成趋势。因此，在1987年10月，江都信用联社在江都县小纪镇单独举办了一期信用社会计培训班。所谓"单独"就是学员只有信用社员工，学习内容完全根据信用社的实务来安排，更具有针对性。以往类似培训，都是把信用社员工与农业银行员工混在一起学习，且学习的内容多以农行实务为主。这次培训班之后直到行社分营之前，再也没有过"单独"培训的情形，也可以说这一期会计培训班是江都信用联社隶属于江都农业银行管辖的历史上，唯一的一期信用社会计培训班。这一期培训班中的学员，后来大多成为江都农村商业银行的中坚力量。

丁沟信用社在人员紧张的情况下，安排我和一同进社的男同事参加培训。培训的住处是小纪供销社旅社，旅社门口，就是镇上最热闹的一条街。闹中也有静的，旅社东边不远的真武殿就是！那会儿的真武殿可不是现如今香火旺盛的真如寺大殿，那会儿的真武殿，空空如也，正好，就做了培训班的教室。

培训从 10 月 14 日开始，到 11 月 17 日结束，历时一个月余。学习期间，课程安排得很紧凑，每天课前，我们都要早早地来到教室，进行珠算和点钞的技能练习。

我至今还清楚地记得开课第一讲《银行从业人员的职业道德与职业操守》，培训老师是当时的农行人事科副科长，他引用了《礼记·缁衣》中的话"君子道人以言而禁人以行，故言必虑其所终，而行必稽其所敝，则民谨于言而慎于行。"这段话告诉我们，君子用言语告诉别人，用行动引导别人，什么事情可以做，什么事情不可以做，所以说话时一定要顾忌到最终的结果，行动时一定要考虑到后果。我们要高度重视信誉，切不可轻诺寡信。身在职场，我们应该言必行、行必果！这堂课给我留下了非常深刻的印象，对于我后来的从业历程有着深远的影响。

学员们相处日久，自然相互间也就渐渐地熟悉起来。有个男学员的生日快到了，据说他是孤儿，从没有办过生日。我跟管理老师建议，给这个孤儿学员办个生日晚会。老师接受了我的建议，生日那天晚上，在原本就不错的伙食上又加了些菜，还备了酒。若你是当时吃过这一顿的学员，你应该记得起来，这顿酒席可是相当的丰盛。生日过成这样，我觉着算是圆满了，看到孤儿学员开心的样子我也特别开心。

大方之道
·
为人之道　成长之道

学习回来，一切又回到了以前的样子：上班，参加函授面授。

"男大当婚，女大当嫁"，1988年12月我走进了婚姻的殿堂，次年9月有了儿子。工作之余、参加函授面授之外，我又多了一项"工作"：带孩子。忙得我真是不亦乐乎！此刻，距离我完成函授大专学业还有一年，我不想因为任何原因落下函授课程的面授。

儿子出生后，每次面授时我都请婆婆带着吃奶的儿子和我一起去扬州。"去扬州"最让人心烦：函授面授的地点设在当时的扬州水利专科学校（以下简称"扬州水专"）。那时的交通可不似现在这样方便，每次去，都得先乘车到江都，再转车到扬州，到了扬州还得换乘，下车后再步行一段路，才能到达扬州水专。

全县的农行、信用社都传说着我函授学习的事：先是说我艰难地挺着个大肚子去上课，后来说我把婆媳关系处理得好得不得了。家和万事兴，婆媳关系的确很重要哦！这一段的函授大专学习得以坚持下来，婆婆的功劳实不可没。

坚持就是胜利，三年的函授大专学习终于结束了，我顺利地通过了所有课程的考试！1990年7月，去南京大学拿毕业证书时，我开心地带上了不满周岁的儿子。当时的南京大学经济管理系主任裴平老师知道我求学不易的过程，很是感动，特意与我们母子俩合影留念。

1991年，有不少的信用社同事纷纷利用"关系"转入农行，我也符合当时转入农行的规定：在信用社工作满五年、

携儿参加毕业典礼（该图摄于南京大学1990年大专毕业典礼）

城镇户口、具有大专学历。我1986年参加信用社工作，到1991年刚好满五年；1987年，因为祖父和父亲"下放"的相关政策落实，我们举家转成了城镇户口；1990年7月，我获得了大专文凭。但是，我毫不犹豫地放弃了这次转农行的机会！我想，既然选择了信用社，那就好好地干下去！说是"毫不犹豫"，其实还是有一点点考量的，当时农行科班出身的人员较多，而信用社的大专生可谓是凤毛麟角。留下来，今后的发展空间可能会更大些。

这一年，丁沟信用社来了一位阳光帅气的小伙子，叫王登国。工作之余的交往中，他和我说过：感觉到您对工作和学习很执着，很佩服您处处要求上进的精神。当其时，未置可否，而今想来，说句实在话，我也蛮佩服当时的自己。要说那时就有"干一行、爱一行"的想法，那定然是过了！但"做一行，将一行做好"的信心和志气还是有的。

由于我的好学上进、吃苦耐劳，1992年1月，经农行党组研究，确定我为丁沟信用社的信贷员，我成为当时全县为数不多的女信贷员之一。由于丁沟信用社人手一直不多，做信贷员期间，我一直兼任着储蓄记账员工作。

做信贷员不久，农行、信用联社领导为了进一步提升信贷人员的业务素质，举办过一期全系统的信贷员培训班，参加培训的有100余人。记得培训的第一门课程是《信贷实务》，对于尚没有多少信贷工作经历的我，这门课程的难度可想而知。我想，只要肯吃苦，哪怕花别人双倍的精力，我就不信我学不好。一有不懂我就向老师或同事请教，别人休息时我还在学，别人说笑时我也在学。培训结束，这门课程我竟然得了第二名的好成绩，与第一名也就半分之差，得到了行、社领导的一致好评。

记得那是1993年6月初的一天，我按例到联社去送报表，遇见时任联社人事科科长葛晔宝，他对我说："联社信贷科缺人手，你愿意来吗？"我当时一愣，觉得有点诧异，这么好的事怎么会突然降临到我的头上呢？事后才知道，联社选择我并非偶然。当时全联社大专学历的人很少，而我正是那为数不多中的一员，再加上参加信贷员培训时的成绩突出，给领导留下了较深的印象。

联社通知我去报到的时间是6月10日，恰好是我的生日。去江都报到的前一天，一家人开开心心地聚了个餐。餐桌上，祖母语重心长地对我说："丫头，去县城上班了，以后工作中更要清清白白做人，踏踏实实做事！"打小祖母就宠我，祖父的城镇户口名额就是因为祖母的坚持才给了我，但在平日里，祖母对我的要求也非常严格。以后的日子里，我一直牢记着祖母的这句话。

回首过往，加班加点工作、带着娃上课、积极参加各类考试，当真是"一分耕耘一分收获"。

从此以后，我拥有了更广阔的天地。

"学如不及，犹恐失之"，一个人只有真正用心去学习，就会像孔子说的那样，总觉得自己还不够充实，还有许多进步的空间。人外有人，天外有天，巅峰之上，还可以再创巅峰。这一切的前提是——学不可以已！

大方之道

为人之道 成长之道

二

霜刃初试

——梦想从学习开始，事业靠本领成就

学海无涯

学之广在于不倦，不倦在于固志。学习是一件艰苦的、持久的、实实在在的事，它是一种能力，更是一种精神。只要你能埋头吃苦，不断地在学习中增长知识、锤炼品格，让勤奋学习成为青春远航的动力，让增长本领成为青春搏击的能量，定能绽放出瑰丽光芒！

家乡丁沟镇的新山阳河笔直向南，经宜陵镇的一闸与东西向的新通扬运河相连，由相连处西去15公里，便是江都县城。

听说我调去江都信用联社工作，大家都为我高兴。特别是和我一样以高考落榜生身份进信用社的员工，他们更是看到了努力的方向和希望。

1985年，江都信用联社经由江苏省人民银行批准设立，成为合作制金融机构，隶属于江都农业银行管辖。1993年6月我到江都联社上班时，领导加办事员也就十五六个人。

报到没有几天，又来了一位女同事，叫许慧。后来，我们一直都是很要好的姐妹。我还记得最初的相遇……

一大早上班，我来到卫生间洗拖把，看到一位陌生面孔的女孩在洗抹布，我就问了一句："你是新来哒？我也刚刚来了没几天……"也许是性格使然，我总是那么活跃，很快地，我们俩就融入了同为办事员的姐妹之中。

出去办事，我们俩经常是结伴而行。还记得当时人民银行有一位女领导，成天板着个脸，从来没有笑容，偏偏我们俩要经常跟她打交道。那时候没有互联网，文件、报表都需要人工传递，每次去人民银行拿通知或报表，心里就会发怵。通常这个时候，我们俩便约好了同去。我经常会说"难道她会吃了我们？"然后还是会叫上许慧一同去，现在想想，她哪有那么可怕？

借调到江都工作，自然是件好事，只是我一心挂两肠，不安逸。这一年，我的儿子四岁，到了该上幼儿园的年龄。放在丁沟老家，长时间看不到孩子；带到江都，既要上班又要带孩子，不可能两头兼顾。我在江都租了房子，婆婆舍不得我辛苦，主动要求来江都，继续帮着照应孩子。老公在老家丁沟工作，只有隔三岔五地往江都赶，好在次年，他也调到了江都。后来操持家务、接送孩子的事大多归了老公，我便一心扑在了工作上。

刚到联社信贷科，我主要负责工业信贷报表的统计。当时信用社共有43家，根据扬州农行信贷科的要求：月报在每月5日前、季报在季末次月15日前，必须将辖内的43家报表汇总好，再用磁盘的方式上报。联社则要求各信用社的月报在每月3日前、季报在季末次月10日前上报至联社信贷科。基层信用社报送的都是纸质报表，我要在规定的时间内将43家网点的所有信贷报表逐份手工录入到报表系统中进行汇总和校验。到现在，我还记得那个报表统计用的系统叫"yh3"！

报表统计要用电脑汇总，当时基层信用社基本还是手工记账，电脑的应用尚未普及，来联社工作之前的我从未接触过电脑。好在我的好姐妹许慧所在的信用社已经提前用上了电脑，因此她对电脑操作较为熟悉，遇到问题我便经常请教她。也许是见我打扰许慧的频次太多，有一次我用的打印机始终无法联机，万般无奈，我只好又去财务部找许慧，一位在场的领导当时就批评了我："你的事，自己怎么不动脑筋处理？"当时羞得我无地自容，于是痛下决心，一定要将"电脑"这个硬骨头给啃下来。我去新华书店买了一本计算机操作的书，一有空闲，便拿出来研究，并结合实际的操作进行演练。最终，也是凭着这一本计算机操作手册，我掌握了相关的操作，也学到了不少新的功能。

熟悉了自己的本职工作只是个开始，想真的做好工作，那可不是一件容易的事。当时的基层信用社做报表，靠手工填制，完成后要经人工传递。由于负责报表上报人员的素质参差不齐，或因为路途远，天气不好，交通不便等原因，上报经常不及时。所有这些，都会影响到我报表统计的准时汇总上报。我从基层来，能够理解基层信用社的难处，从不一味地催促，更无言语上的责怪。如果是报表编制人员的原因，就及时地指导编制人员，帮助他们提高报表编制的水平，或根据实际情况建议更换报表编制人员。若是因为传递的原因，我会主动和该信用社主任沟通，以便做到传递及时不延误。我的主动诚恳，给基层信用社留下了很好的印象，既保证了基层报表的准确、及时上报，也保证了自己按时保质地完成本职工作。

借用一年后，我正式调入了联社信贷科。

当时的联社信贷科仅有8人，而信贷科的职能包含了现在信贷前台的公司及零售营销职能、中台的信贷管理及风险管理职能、后台的资产保全职能，以及全辖区的组织资金管理职能。

随着对工业信贷报表统计工作的熟悉，领导让我兼管基层信用社大企业流动资金信贷调查，城区商贸、供销等流通企业的信贷调查。当时，信贷科8个人中只有4个人（含两位科长）负责工业及商贸、供销企业的信贷业务，大伙经常开玩笑的一句话是"两个科长两个兵，一天到晚忙不清"。除了做报表统计，我还兼任大额贷款的调查，经常要和领导下乡调研。白天要调研，报表就没法完成，只有晚上加班加点做报表，偶尔会忙到深夜。记得曾经为了第二天报送一套扬州人行的调研表加班到半夜，实在坚持不住趴在办公桌上打了个盹，醒来后又继续工作，不知不觉，外面天亮了都不知道，这可能是现在的年轻人无法理解的事。

由于我和同事们的共同努力，江都联社的信贷报表工作得到上级行的肯定和表扬，至今我清楚记得在扬州地区几家联社（当时扬州市和泰州市尚未分开）工业信贷报表的评比中，1993年获得三等奖、1994年获得二等奖、1995年获得三等奖。付出了努力，得到了认可，收到了回报，我自然很是开心。

从事信贷调查的这段工作经历，让我对银行信贷管理工作有了更多理性的认识和实操方面的感悟。银行信贷资产的风险因素很多，宏观方面有来自国家经济政策，微观方面有来自企业自身和银行管理能力，但是作为银行如何防范贷款风险，结合本职工作以及对工作的思考，我分别在1994年和1997年撰写了《浅议当前农业银行强化信贷资产风险度管理的必要性及其对策》(刊登在《江苏农村金融》)和《信用社贷款风险的防范》(刊登在《中国农村信用合作》)。文中提出：

信贷资产风险度管理运作改革的总目标是建立"体制制约"的新机制，最终实行审、贷、查的分离，围绕以决策为中心，把岗位制约、责任制约、程序制约有机地结合起来。并结合当下的信贷工作现状，提出了贷款风险防范的五条措施：

一是积极参与企业经营管理，掌握企业动态。信用社与企业的关系是唇齿关系，企业的好坏将直接影响着信用社的信贷资产质量高低。多年来，由于体制的影响，信用社对其信贷企业的经营管理很少过问，信用社将资金使用权让渡给企业后就认为这笔款项归企业所有，由企业来自行安排，到期能收回本息就行了，这与国外的银行直接参与企业经营管理形成很大的反差。所以，作为信用社要改变传统的思维定式，主动参与信贷企业的经营管理，例如参与企业的营销决策，为企业提供信息咨询服务等。

二是积极响应国家宏观调控政策。经济决定金融，金融反作用于经济。一个好的外部环境，除国家经济政策好和企业积极努力外，还需金融部门密切地配合，共同创造。这样不仅能有效地弱化贷款风险，还可以提高经营效益。为此，应该做到：第一，要严格执行金融法律、法规，开展公平竞争，坚持合法经营。第二，要严格执行国家宏观调控政策，配合抑制通货膨胀，不能因为有了眼前利益而置国家政策于不顾，超计划、超规模放款，导致宏观失控，从而引起通货膨胀。第三，要加强自身建设，要制定制约机制、奖惩机制、岗位责任制及决策失误赔偿制，提高信贷人员的素质，做到放管结合，责任明确，避免内部出现问题。

三是贷款投入避免"四性"，即盲目性、倾向性、无序性和急功近利性。第一，是避免决策上的盲目性。一笔贷款的投入特别是数额较大的将维系着该信用社的兴衰，作为决策者要慎之又慎，在充分掌握事实的基础上，作出科学的、合理的决策，切忌感情用事，凭印象放款。第二，是避免投入上的倾向性——"垒大户"。在追求效益最大化的同时，应将贷款投放于多个骨干企业，以便分散风险。第三，是避免贷款投入的无序性。投放贷款要按操作程序进行，特别是《贷款通则》实施以后，更不能逆程序操作。第四，是避免投入上的急功近利性。有些信用社所处地区偏僻，资金富余一时无法消化，只讲究数量而忽视了放款质量，这是不可取的，而应在资产多元化上做些文章，以提高资金利用率和收益。

四是全面推行抵押贷款，转移贷款风险。多年来，信用社一直对资信程度较好的企业实行信用放款，存在着很大弊端，使信贷资产的安全性得不到保证，风险落在自己头上，加重了信用社自身的负担。因此，信用社应主要选择抵押、担保贷款形式。在办理抵押担保时，手续必须合法有效，不能只流于形式。

五是建立风险补偿机制，分散贷款风险。首先，建立贷款风险基金制度。这项制度目前已在信用社系统广泛形成，即根据企业贷款发生额或企业产值，按照一定的比例提取风险基金，进行专户存储，一旦贷款形成风险，就用这部分资金来清偿风险贷款，但风险基金的收取不能超出企业的承受能力。其次，建立和完善贷款的风险保险机制，以保险的形式将风险贷款进行平衡分散。企业向信用社申请贷款得到批准后，由保险公司按照贷款金额、期限和信用社评定的企业资信等级及企业类型，向企业按不同保率收取一定的保费，并承担归还倒闭、破产企业的贷款和逾期贷款的责任。另外，信用社要督促贷款企业、担保企业参加财产保险和必要的其他保险，使风险贷款能得到应有的消化。

随着工作量的加大，接触的行业增多，我觉得有继续学习的必要。1995年5月，我参加了专升本的成人高考。在备考阶段，有一次由于一道数学题不会做，我就向另一位也参加考试的同事请教，可他却说："这种题都不会做，你还参加成人高考？"也许他当时只是开玩笑的一句话，可就这一句话却深深刺激了我，将我骨子里那股不服输的劲给激发了出来。考前，我硬是把一本1000多题的高等数学练习册刷了一遍又一遍，直到完全学懂、学透。最终，高等数学这一门我就得了148分。9月份，我正式开始了南京大学国际金融专业的本科学习（函授）。

也是这一年的9月，江都信用联社不再隶属于江都农业银行管辖，成为一个完全独立的非银行合作金融机构。同年10月，江都信用联社成立联社营业部。江都信用联社营业部是全省农信社系统成立的第一家联社营业部。联社营业部的信贷员一时没有合适人选，可能因为我兼管城区商贸、供销等流通企业的信贷调查，联社领导便将我调了过去。我深知责任重大，二话未说，向领导表态"服从分工，认真工作"，在联社营业部信贷员的岗位上一直干到次年3月。

人生感悟

　　在信用社工作的第一个10年中，我从柜员走来，当了一名信贷员，然后成为机关办事员，由于工作需要又回到了信贷员岗位；从乡镇网点到机关部室，从机关部室到联社营业部……这一路走来，实属不易，但我坚信：路虽远，行则必至；事虽难，做则必成。

三

风雨同舟

众志成城（该图摄于营业部成立之日）

（一）我们拥有了一个家

——家是一个拥有热情和凝聚力的地方

你能用金钱买到一个人的时间，你能用金钱买到劳动，但你不能用金钱买到热情，你不能用金钱买到主动，你更不能用金钱买到一个人对事业的奉献，而所有这一切，"家"可以做到。虽然"家"也常有酸甜和苦辣，但只要"一家人"心在一起，世界就会更加美丽。

老话是不骗人的：是金子总会发光。

1996年3月，正值春风吐绿，草木初萌。我迎来了人生的又一次转折：江都信用联社任命我为联社营业部副主任，主持全面工作。同年，我被任命为江都信用联社的第一任团支部书记。这一年，我30岁，而立之年的我在同龄人当中，算是学业有成，事业有望，这份希望激励着我继续前行。

1995年10月，我离开联社信贷科办事员的岗位，加入到刚成立的江都信用联社营业部队伍时，自然没有想到后来会成为联社营业部副主任，但是参加信用社工作这近十年的磨砺，让我对信用社的未来充满了信心。我是满怀着梦想，满怀着对未来的美好憧憬而来！

在营业部成立初期，我发觉了刚刚与农行分家的江都信用联社还不被广大百姓所认知和认同。我深感肩上的担子不轻，但我好强而乐观，最重要的是，从此我们拥有了一个"家"——江都信用联社营业部。

联社营业部地处江都镇老城区引江路的最南端（原建材公司旁），是个繁华的所在，一路向北，商户林立，商机无限，但是同行业的竞争也十分激烈！然而，我相信一条亘古不变的经营法则：诚招天下客，誉从信中来！

组建初期，一切都是从无到有，条件很是艰苦，摆在我面前的是如何迎接城区业务的挑战，打开业务局面。回忆起那段时光却是有滋有味！是的，有各种滋味：酸、甜、苦、辣。

有苦的：联社创建之初，刚跟农行分家不久，营业部白手起家，很多客户和业务都是从无到有。

存款、贷款、结算业务需要一笔一笔地去争取：储蓄存款怎么办？抓柜面服务，推出限时服务和首问负责制；抓营业环境，做到窗明几净。对公存款怎么办？推出延时服务，主动走访、上门收款。先走访部委办局，再走访对公大户，根据需求对部分客户提供上门收款的服务。虽然现在已不允许银行到企业收款，但那时的"江都城区半日游"既稳定了客户，又树立了口碑。贷款怎么办？还是走访，先是周边企业，再是城区商户，逐户调查，问需求、送服务，现在的"访、问、送"和我那时的做法竟是如此的相似。就这样，在联社领导的指导下，联社营业部在江都金融系统率先推出了限时服务（规定每笔业务办结时间）、延时服务（周边商户晚间营业，故延时服务）、上门收款服务。服务的不断加强，吸引了更多的客户，拓展了更多的业务，营业部工作的局面很快就打开了！

　　联社营业部作为刚刚落脚江都城区的一家新银行网点，那时我思考着除了在服务态度、业务水平、营销能力这些软实力上下功夫，怎么才能给顾客耳目一新的感觉。看着整洁的营业厅，再看看每天穿着各色衣服的同事们，我突然想到了统一着装，如果大家都穿着整齐划一的服装上班，员工的精神面貌也会随之提升。想到就做，藏青色西服配白衬衫、红领带，那时堪称是江都各银行系统中"一道靓亮的风景线"。

靓丽人生、崭新篇章（该图摄于1996年营业部成立一周年）

　　为提高信用社资金使用效率，我们利用营业部的窗口开展票据贴现业务。动员全体员工去做宣传、找票源。做票据贴现最关键点是安全，银行承兑汇票票面金额小的几万元，大的上千万元，万一收到假票、错票，损失就大了。首先我们进行了柜面人员业务培训，从票据真假识别到银行查询、查复，再到真实贸易背景的检查以及完善流程审批等，最大限度地控制好风险。由于江都联社营业部的票据业务开展得如火如荼，当时的扬州市人民银行农村金融改革办公室专门在江都联社召开票据业务经验交流会。

经验证明：实干与热情是事业成功的两个制胜法宝。

谈到热情，我想起了曾看过的一本书：《稻盛和夫的成功方程式》。

书中写道：

成功＝思维方式 × 热情 × 能力。

能力和热情的取值范围是：从0分到100分，思维方式的取值范围是从负100分到正100分。

稻盛和夫先生认为，工作是人生最尊敬、最重要、最有价值的行为。因此首先我们要有一个正确的思维方式，即一个人的价值观、人生观、世界观，做人要有正确的价值理念，一旦思考方式错误，那么一切都是错的。不厌辛苦，愿他人好，愿为大家的幸福而拼命工作，这样就是正值；愤世嫉俗，怨天尤人，否定真诚的人生态度，就是负值。

对于热情和能力，相比而言热情更为重要，热情决定了自己对一件事的态度，而能力是一个可以不断培养

的过程。至于激情，是一种强烈的情感表现形式，往往发生在强烈刺激或突如其来的变化之后，具有迅猛、激烈、难以抑制等特点，人在激情的支配下，常能调动身心的巨大潜力。而热情是人参与活动或对待别人所表现出来的热烈、积极、主动、友好的情感或态度。所以相较于激情而言，热情更具有长期性。

虽然当时工作条件简陋，成立之初的营业部工作人员也是从各信用社抽调而来，但是大家都充满热情，工作中心往一处想，劲往一处使。

新成立的小团队中年轻人居多，为了带好这帮年轻人，我书案上新增了心理学、领导力、营销战略方面的书籍；为了让联社营业部制定的每一条制度都行有效力，让自己的言语更有公信力，我坚持凡事"必须以身作则"，要求员工做到的事，必须自己先做到。比如最简单的环境卫生，我从到联社营业部带团队的第一天起，每天都早到20分钟，和大家一起做好班前卫生工作。

联社营业部的营业场所是向市建材公司租用的，面积不大，总面积160平方米左右，路东门朝西，南北约20米，东西约8米。北头隔出一块作为主任和客户经理的办公室，其余地方再分为东西两块区域，分别是营业外厅和营业内厅。外厅的最南端再隔出2平方米，作为简易卫生间。当时联社营业部的办公条件十分简陋，特别是那会儿的营业外厅，没有现在豪华的装修和高档的服务设施，没有现在的叫号机、休息区，白天前来办理业务的客户络绎不绝，仅凭着临柜人员的业务娴熟，总体秩序井然，每天的各项工作均能画上圆满的句号。

这几块区域中，从工作角度出发，作用最大的是内外勤的办公区，那是创利中心，但是作为"家"来说，作用最大的当数营业外厅。

班上我们努力勤奋地工作，班后联社营业部就成了我们的"快乐小天地"。

班后时间我总是寻找各种机会和理由，组织各种活动，给团队生活"加点料"，增进同事间的沟通和了解。因为在这样的氛围里，团队才会变得更有凝聚力和向心力。

营业终了时，用铁钩子将卷帘门放下来，这里就是营业部员工们的天堂（那时还没有CK布防的要求）。日常的班后会议、业务学习后，不管是已成家的，还是没成家的，都先不回去。大家将营业大厅的桌椅和盆栽移开，两张办公桌一拼就是饭桌，架起火锅，买点熟食，备些酒水，愉快的夜晚氛围便荡漾开来，惬意而令人难忘：十几个员工围着桌子轮流夹菜的情形，当真是其乐融融。至于花费，无需多复杂，几张小纸条便能很快决定今晚的东道主是谁，或各自的份子钱是多少，我称之为"抓阄拼单吃饭"，应该比现在的AA制更有人情味。偶尔有那厨艺好的，想露一手也成，我们有现成的电磁炉、油盐酱醋和锅碗瓢盆。酒过三巡，开业时购置的先锋音响也派上了用场，放上VCD碟片，唱得好的、不好的，都来一首；舞得好的、不好的，都跳一曲。饭后，余兴未了，聊聊天、斗个地主啥的，也行。

活动结束后，大家散去，晚上的值班人员从储藏室拿出钢丝床，营业外厅又变成了卧室。一时半会睡不着，那就躺着天南海北地再聊上一气。

第二天，大家伙儿又是充满热情地开始。

平时，我如果发现哪个员工的状态有点不对，或是知道哪个员工小两口有了点小矛盾，下班后，我便叫上其他同事，带着酒菜到这个员工家里去"家访"，及时帮助他（她）化解家庭矛盾。这样做，等于做了个有效的家访，应该比现在的家访更能发现和解决问题。工作之余，我还组织营业部员工和家属搞团建活动：一起外出旅游啊，搞一场文娱活动啊。到了春节，我倡议的员工间的团拜就更有意思啦！从我自己开始，大家挨个排队请其他同事到家里做客，我们称之为"拜大年、吃年酒"活动。

为了进一步扩大刚成立不久的联社营业部在城区的影响力，1996年的正月里，我们率先在营业大厅举办了"有奖灯谜"活动。搞灯谜活动看似简单，从谜面设计、奖品安排、现场布置、安全防范，再到市民与客户邀约等一系列的事情，都要做好规划。营业部本来人手就少，业务又忙，但是为了扩大联社营业部的影响力，大家都主动参与到这项活动中来。谜面主要围绕联社营业部的业务来设计，共设计了100余条谜语，挂在营业部大厅与门口的场地上。

如果没有人参加怎么办？我首先发动大家联系在城区的同学、亲戚、朋友。我主要负责联系客户，跑附近的企事业单位与小区。当天晚上营业部内外灯火通明，人员络绎不绝，活动取得圆满成功。这样的活动我们连续搞了三年，变成春节期间，引江南路上的一道风景。

通过这一系列活动，让员工和客户之间，员工和员工之间，员工和家属之间增进了解；特别是员工之间，大家更是同心协力，尽"一家人"最大的可能，做好营业部的各项工作。

所有这些，便是我难以忘怀的"甜"的滋味了。

也有"酸、辣"味的：哪位员工犯了错，我也不会留情，一阵火辣辣的批评后会让他鼻子酸溜溜的，但就事论事，我得让他心服口服。

紧张有序的工作，积极勤奋的学习，活泼阳光的生活，在我主持联社营业部工作期间，营业部既是一个充满活力、积极向上的战斗集体，又是一个大家亲如兄弟姐妹的和睦家园，每一位员工处处都能感受到这个大家庭的温馨。我就是这样带领着大家一步一个脚印，艰难而坚定地向前进。

人生感悟 俗话说，火车跑得快，全靠车头带。火车头不仅是方向的象征，更是力量的体现。很多人往往因为低估了自身的能力或者惧怕了眼前的困难而放弃行动，殊不知，当人们行动起来，其威力往往超乎想象，甚至能够轻松突破障碍，超越自我。前提就是——必须行动起来！

（二）许他叫一声"大姐"吧

—— 成长路上有更多的伙伴不孤独

每个人的成长之路都是独一无二的，许是惊心，许是平淡，惊心中回味，平淡中寻找，总能给我们带来丝丝不同，这不同是你从没留心过的。成长路上，有伙伴，总在路上陪着你，互相帮助，互相学习，互相成长。

与我在丁沟信用社共过事的王登国，后来有机会脱产上了大学。1996年年初，因为学校要求实习的原因，他来到了联社营业部。当他看到我热情高涨，带领大家团结奋进，营业部就像一个大家庭；当他看到营业部一班人相处和谐，似兄弟姐妹，他很想加入这满是激情的团队。终究，他未能如愿，可能是因为他所学计算机专业的原因，联社后来将他分配到了财计部工作。

1996年6月，现任仪征农村商业银行副行长的徐洁调来联社营业部，那会儿的她还是个刚出校门不久的小丫头，青涩而不知人情世故的模样我见犹怜。

她的老家真武镇，距离江都县城有40多公里。为了她的生活，特别是住宿，我可是费了周折。先是帮忙将她安排到江都农行干校的宿舍，宿舍是简单的双人房，还不错，但厕所在宿舍的外面，晚上如厕非常不方便。知道这个情况后，我又立即将她安排到了江都繁荣旅社，一个离联社营业部不远的地方，并将她托付给了旅社老总。而后不久，单位有了集体宿舍，我又努力给她争取到一间，直到她成了家。时隔多年之后，徐洁每每问我，是不是还记得当时把她拜托给旅社老总时的情景，我们都会开心地一笑，然后她会有腔有调地说一句："小姑娘哎，在外面安全最重要啦！"她这是学着我当年的口吻在说话呢！

1996年，现任江都农商行金融市场风险总监于庆堂，以退伍兵的身份进入江都信用联社，做押运员，主要工作是现金和凭证押运，人事关系在营业部。

可能因为当过兵的缘故，他人实在，也勤劳，每天下午押运回来后，都会在营业部帮忙并学习业务，给我留下很好的印象。一天下午，我把他叫到了办公室，和他聊聊工作的情况，再问问他今后的打算。他说：押运工作简单重复，每天下午两三点钟就能完工，虽然要参加晚上的值班，但还是比较"幸福"和"满足"的。从他不经意地的言语中我听出了他安于现状的心态，便毫不客气地指出："像你这样刚参加工作不久的新员工，不思进取是非常大的问题。银行系统里押运工作本身是很重要，但是押运员的岗位发展非常有限。难道你做押运员就一直做到退休吗？"我耐心地详细分析了联社的基本情况，还根据他的性格特点，帮他挑选了财务这一发展路线，同时还提出了"多拿证书"的建议，让他明白了"艺不压身"的道理。

至于后来，他报名上大专、本科，考计算机等级、考职称等，岗位从最初的营业部押运员，到后来的计划财务部办事员、资金交易员，再到副总经理、总经理、投资风险总监，都是他自己的努力。提起那次谈话，他总是说：真的是当头棒喝、醍醐灌顶。我当真这么厉害，便可以做那指点迷津的事去了！我最多也就是个现身说法罢了。不过，有一点是确实的：从他1996年正式进入江都信用联社，到目前为止，他的工作岗位多次变动：营业部、计划财务部、资金营运部、党委办公室、信息科技部、投资业务部、金融市场部，等等，他干过的大多是我曾经做过的。他谦虚地说，我是他的领导，是他的大姐，更是他的"引路人"。"引路人"，实不敢当；叫"领导"啥的，我马上就要退休了；叫声"大姐"，我倒是觉着好像挺受用，那就许他叫一声"大姐"吧！

这段时光里，也少不了我的好姐妹许慧！

每逢节假日，我都主动地承担起联社营业部的值班任务，让其他同事先回家去。

那是1996年春节的除夕，我照例主动留了下来，并早有预谋地喊上了许慧陪我（仅负责除夕下午值班保卫，不办业务）。虽然她不是营业部的员工，但我知道她不会拒绝。应该是下午四点多钟了，营业部的大座钟却不合时宜地停了摆，找不到上发条的工具，我俩自作聪明地捣鼓了好大一阵子，最终把发条上好。许慧记得我当时一本正经地说："明天就是大年初一了，新大年头的，钟怎么能停摆呢？"我却是不记得了。

命运似乎总爱跟人开点玩笑，择业初期的我不乐意从事教师这个职业。1996年，江苏省银行学校在江都农行开设函授中专班，学校聘请我担任《银行与信贷》课程的授课老师。同年，我还被江都职业学校聘请为该校兼职授课老师，为该校中专班讲授《财政与信贷》这门课程，我都欣然地一一接受了。不同的是银行的中专班是函授，而职工学校的中专是全日制。面对全日制学校的课程安排还是有点头疼的。

因为从1995年5月1日起我国已实行双休，加之学校周末只放假一天半，为了不影响工作又要兼顾学校的课程安排，经与学校商量，把我每周的四节课全部安排在周六上午，半天时间连续上四节课。由于白天要上班，课前的备课以及课后的作业批改只能利用晚上的时间。虽说辛苦，但看着学生们认真听课的样子，能够把自己的知识传授给学生们，还是觉着挺开心。为了鼓励学生们好好学习，学校给我的授课费我悉数捐给了那些需要帮助的学生。虽已事隔二十多年，至今那些曾经的学生遇到我，还是亲切地叫我一声"张老师"。

此际的我，已经不是那个高考刚刚落榜时的我，十年的磨砺，我已经成长为一个还算得上称职的团队领导。我深知一枝独秀不是春，万紫千红才是春。工作中，我更加深刻地认识到提高员工队伍业务素质的迫切性和重要性。鼓励营业部所有员工，尽最大可能利用业余时间，加强自身的业务学习，努力提高业务素质和技能，做一名业务过硬、优秀的信用社员工。

当时有一位员工，从其他部门调入信用联社营业部，初来的他对银行知识知之甚少。面对算盘打不好、点钞不利索的他，我告诉他：想在信用社干下去，没有过硬的技能肯定不行。然后，我根据他的实际情况为他专门定制业务技能提升方案，并安排专人对他进行辅导，再由我亲自定期对他进行测试、考核。经过一年多的打磨，他的业务技能有了明显的提升。

回望自己的工作成长之路以及这一路共同走来的同事们，有的做了高管，有的做了中层。喜欢思考的我就时常在想，对于整体素质本来就不太高的信用社来说，怎样才能加快人才培养，从而推动农村信用合作事业健康发展呢？

1996年，江都信用联社下设43个信用社（部），共有干部职工631人，其中具有专科及其以上学历的有31人，仅占总人数的5%；中专学历的有111人，占总人数的18%；高中学历的有332人，占总人数的52%；初中及其以下学历的有157人，占总人数的25%。另外，全系统员工中，具有高、中级技术职称的有20人，占总人数的3%；具有助理级技术职称的有177人，占总人数的28%；具有员级技术职称的有310人，占总人数的49%；无专业技术职称的有124人，占总人数的20%。显而易见，员工的文化素质和业务素质均不尽人意。

是年，在江都市农村金融学会第五次年会交流中，就怎样解决这一问题我提出以下几点建议：

一是建立政工机制，提高全员政治素质。当时已经拥有

600多名员工的江都市农村信用社，却没有一个健全的政治思想工作体系。因此，联社要尽快建立一个健全的政治思想工作组织，政工组织要坚持不懈地做好全体员工的政治思想教育。

二是建立培养机制，提高全员的文化素质。信用社要发展，就必须要有一大批有志于信用合作事业发展的专业人才。因此，要坚持将岗位培训与学历教育相结合，有计划地进行学历教育，同时鼓励员工利用业余时间参加自学考试、电视大学、职工大学等专业学习。

三是建立奖惩机制，提高全员业务素质。当时的江都市信用社员工中有20%的员工无职称，且30岁以下的青年员工居多。这一状况在一定程度上阻碍了信用社的发展和新业务的开拓。因此，要建立员工岗位基本技能训练机制，并严格执行考核制度，鼓励员工做到一专多能、适应一人多岗、一岗多职的劳动组合需要。

四是建立引荐机制，扩大招聘人才渠道。为具有开拓尽职精神和强烈事业心的能人提供用武之地，让他们尽情地发挥，创造一种尊重知识，尊重人才的氛围，使引进的人才留得住并发挥最大的能量。

实践是检验真理的唯一标准，后来的江都信用联社也正是从这几个方面去努力，并且取得了很好的效果。全员的文化素质和业务素质得到了大幅度的提升，特别是根本从思想上，所有员工都有了一个全新的认识：企业，不只是谋生的地方，更是每个人的"家"。

诸多方面，联社营业部一直起着表率作用。

在联社的正确领导下、在营业部全体员工的共同努力下，联社营业部在江都城区众多的金融机构网点中享有良好的口碑。我在联社营业部任职两年多，营业部各项存款从1995年年末的479万元增长至2852万元，增幅达495%；营业部各项贷款从1995年年末的5300万元增长至13829万元，增幅达160%，并获得了市级"青年文明号""巾帼示范岗"的表彰。

同时，由于我身兼江都信用联社团支部书记职务，在平时工作中还经常主动与团市委、市妇联加强沟通，积极参加各项公益性活动：帮扶失学儿童重返校园，给失去亲人的儿童送去温暖……通过一切可能的方式，扩大联社在社会上的影响度。我本人也连续多年获得江都市团市委表彰。

热心公益（该图摄于1997年慰问留守儿童）

　　山以险峻成其巍峨，海以奔涌成其壮阔。任联社营业部副主任期间，我和我的家人们不畏惧"雄关漫道真如铁"走过了信用联社营业部的从无到有，感受着"人间正道是沧桑"，经历了信用联社从弱小到壮大。如今，信用联社正由大向强而去，我坚信"长风破浪会有时"。

（三）栉风沐雨

—— 坎坷是人生进步的台阶

不经冬寒，不知春暖。梅花香自苦寒来，成长路上有坎坷在所难免，挺过去叫成长，栽下来叫劫难。成长是妥协与坚持的两难；成长是不忘初心的成熟；成长是你突然理解了前人的教诲；成长是你失去了一些东西，也收获了一些东西。不经历风雨怎能见彩虹，相信曾经的过往，定会让你懂得成长的意义。

东风随春归，发我枝上花。1998年3月，联社任命我为联社财务会计科副科长，主要负责计划统计及资金运营，即后来金融市场部的工作。

这一年，我成为一名中共预备党员。

到财务会计科工作近一年后，联社为了提升员工的业务技能，充分调动员工技术练兵的积极性，推出了内部员工技能等级测试，并决定根据员工的技能等级实行差别工资。

技能等级测试工作，自然由联社财务会计科牵头组织。在珠算加、减项目进行技能测试时，监考人员报告我：有个别参考人员，居然不要算盘就能写出答案。我分析肯定有试卷被泄露的问题存在，为了公平对待每一位员工，在明知会得罪泄露试卷的人的情况下，我及时将发现的问题报告给了分管领导。分管领导当场宣布考试作废，测试重新进行。事情过后，我尝到了"厉害"：由于自己的"冲动"，不仅得罪了泄露试卷的人，又害了自己的分管领导，自然更害了自己。后来的我任副职多年，跟这次事件不无关系。

"直易折"这句古话要听！但"正直做人"是我一贯坚持的原则。

为了进一步扩大融资渠道，1999年7月，在上级行的关心指导下，江都信用联社经批准加入了全国银行间同业拆借市场网络，这在本市金融系统和扬州市区信用联社系统尚属首家。经过近一年的运作，我们获益匪浅，不仅有效地消化了富余资金，扩大了江都信用联社的知名度，同时在头寸短缺时，能及时地得到补充。2000年6月，江都信用联社作为市场优秀成员参加了全国银行间市场成员交流会并作了题为《重参与发挥网络优势，求实效用好用活资金》的专题发言，谈了近年来我们的主要做法和体会：

一是加强培训，规范操作。我社是于1999年7月加入全国银行间同业拆借市场网络的，此前，我们对网络拆借还陌生，更不知如何操作。为了尽快适应网络成员工作的要求，1999年6月我社派专人参加外汇交易中心在上海举办的网上新加入会员的业务培训，认真学习有关的业务操作，同年8月又派专人参加中央国债登记公司在北京举办的"网上交易程序培训班"，通过这两期学习培训，及时掌握了前后台两套程序的使用方法，确保了业务的正常运行。除参加有关培训外，还专程去扬州商行（现江苏银行扬州分行）、南京商行（现南京银行）实地学习，学习他们进行实际操作时的有关方法技巧，以充实自己的业务知识，提高自己的业务技能。在培训学习基础上，制定了《江都农村信用联社网上拆借资金管理办法》，规范资金计划管理部门和营业柜面资金划拨的手续制度。

二是积极参与，力求实效。作为网上的一个成员，主动参与是我们的义务，刚开始与其他会员间不熟悉，我们几乎每天都能上网报价。由于我们是网上新成员，特别是农村信用社牌子不响，加上网上的成员对我们不太熟悉，为了吸引对手方，拆出资金时我们采取低价位的报价，一般我们的报价均比网上其他成员的报价略低一点，从而扩大我们的影响，力争交易成功。

对于我们成员来说，不仅仅满足于网上的报价，报价的目的是为了寻找资金能成交的对手方，成交才是上网的真正目的。为此，我们恪守交易规则，坚持按章办事，按程序办事，与对手方开展真诚的合作，建立起彼此之间相互信任的合作关系。1999年8月，我们在北京参加培训时，与广州农信社资金部负责人相识，双方之间交流了各自的资金状况，得知他们的资金比较多。培训回来后，有一次我们缺少资金就试着与他们打交道。广州农信社非常诚恳，真心合作，首次交易2000万元，在低于本分中心利率的情况下成交，以后又成交过多次。通过这几个月的上网实践，我们已基本上建立了固定的交易对手方，无论在网上还是在网下，我们经常保持联系，相互了解资金的运作情况和资金富余情况，从操作实践看，我们的对手方已不仅仅限于分中心内部的成员，尽管上网时间不长，但我们先后与广州农信社、浙江鄞县农信社、杭州商行等非本分中心成员发生交易。由于我们形成了一些相对固定的对手方，因此在春节前资金紧缺时，只要对方资金有可能，一般均能满足我们的需要，同时在春节后资金富余时，我们主动与网上的其他成员联系，以此将富余资金用好、用活，以增加我们的效益。

三是立足自身，面向大市。当时，我社是扬州市农村信用社系统中唯一加入全国银行间同业拆借市场网络的信用社。为促进货币市场的发展，我们除立足自身发展的需要外，在扬州市农改办的牵头下，我社制定了《网上拆借代理办法》，积极为全市其他信用联社代理业务，由于代理业务是货币市场发展过程中出现的一个新问题，为了避免资金运作过程中风险，我社要求其他联社资金拆出、拆入的额度必须按《资产负债比例管理》的规定向人民银行申请，在扬州市农改办给各家批准的额度内由我联社代理进行交易（由于其他联社均未在中央国债登记公司开设托管账户）。

工作中，我们敢为人先！有条件要上，没有条件创造条件也要上！事实证明：大胆的魄力加上谨慎的态度，带来的不只是事情本身的成功，还有宝贵的经历和得来不易、难以言传的经验。诚然，其间的刻苦学习，也十分重要。

喜欢学习的我，什么时候也没有放松过学习。

1998年7月，我参加的南京大学国际金融专业本科函授毕业，同年9月我继续参加了南京大学研究生证书班的学习。

　　人生或有冥冥之中的定数：我的函授大专上的是南京大学，专升本也是南京大学，研究生证书班还是南京大学。工作后这许多年来的学习一直与南京大学结缘，也与最初结识的裴平教授结下了深厚的师生情谊。闲暇，看一回与裴平老师、其他同学的合影，想一回曾经算得青春的美好岁月，才觉着逝去的弥足珍贵。

师生欢聚（该图摄于2000年江都引江水利枢纽）

　　1999年7月1日，我成为一名正式党员。

　　回忆任职财务会计科副科长的这段时光，真是百感交集：

　　工作没有如愿望中的那样一帆风顺，我迷茫过，也曾想过逃避。1999年年初，我就想过利用江都市委组织部安排相关单位中层干部挂职锻炼的机会，就此离开信用社。当时市委组织部安排我去江都船厂，挂职分管财务的副厂长，结果迫于某些当权者的"压力"，我选择了放弃。现任某局的局长当时也是挂职干部之一，多年后见面时他和我开玩笑说："当时组织部还安排你代表我们挂职干部表态发言的，谁知你却放了组织部一次鸽子。"

我是一个怀旧和感恩的人，1986年参加工作以来，从丁沟信用社到联社信贷科、到亲自参与组建全省农信系统第一家联社营业部、再到财务会计科；从普通柜员到信贷员、到联社机关办事员、到联社营业部信贷员、到联社营业部第一任主持工作的副主任、再到财务会计科副科长，可以说我与信用社共同成长。特别是在农行与信用社分设以后的时期，从举步维艰到打开局面，再到门庭若市，信用社收获的是业务增长，我收获的是历练和成长。然而，工作的不如意，让我想一走了之；十多年的风风雨雨，又让我觉着心有不甘。在2000年至2003年之间，我有好几次准备跳槽至其他股份制商业银行，有一次甚至连辞职报告都已写好。

准备递交前，我想想还是和一位平时对我很关心的老领导谈了我的想法，领导听后语重心长地说："丫头啊，你要珍惜现在的岗位，是金子总会发光的。"当时的抉择很难，最终，经过冷静和慎重的思考，我还是坚定了信念：风雨过后，肯定会有彩虹。

2003年3月，担任部门副职七年后，我被任命为联社信息科技部总经理。

对于信息科技，我是个十足的"门外汉"，甚至对电脑的组成部件都不太了解。但是我相信只要肯学，没有学不会的！为了不因说外行话而被人嗤笑，我让部门同事拿来一台旧电脑进行拆解，并请他们一一告诉我电脑各个组成部件的名称和功能，不长的时间我便掌握了一定的相关知识。

除了学习硬件的基本知识，我还学习了网络架构和系统运行的相关知识，了解单机版系统和网络版系统的区别，特别关注系统网络版升级的难点和重点，这为日后综合业务系统的并网升级能够顺利完成埋下了伏笔。在学习专业知识的同时，我认识到工作必须"以人为本"，特别是作为我这个科技的"外行"，我和员工逐个谈心，充分了解和掌握员工的思想动态、专业水平和特长。工作中，在得到联社对信息科技工作支持的情况下，我一是抓大放小，不过度关注具体细节，由各岗位人员按自身职责开展工作，抓住主线保障平稳运营；二是寻找强有力的外援，争取江苏省联社以及兄弟联社信息科技部门对本联社专业上的支持。

银行业务科技的变化谈不上瞬息万变，但科技支撑也总是随着业务的发展而不断迭代更新。由于农信社的业务同质化较多，为了实现资源共享，我到信息科技部工作后牵头扬州市几家联社信息科技部门负责人每月召开一次交流会，目的是及时交流沟通工作中遇到的新情况、新问题。特别是对于软件开发上的问题，几家联社同分析、做方案、共研发。这一好的做法得到江苏省联社信息科技部的认可。直到2020年江苏省联社信息科技部副总经理张弘到江都农商行调研时，还提到了我当时的这一做法。其时，我已退居二线，张弘副总经理很是关心我的身体，尚修国董事长就利用晨练的机会，安排我们见面，老友相见，回首往事话无边。

信息科技部工作期间，有两位年轻能干的同事，给我留下的印象颇深：

映日荷花别样红（该图摄于2020年江都自在公园）

一位是现任江都农商行安全保卫部总经理的闵加华。那时，青春的他刚刚离开浪漫的象牙塔，工作伊始的他，耿直爽快、爱憎分明、重情重义。这样的性格我很喜欢，只是有时他会有火急火燎的脾气，眼中掺不得半粒沙子的偏执。不过，在一定的氛围之下，这样的脾气，也不都是坏事。

另一位是现任江都农商行副行长的任艳。2003年7月的一天，她到信息科技部报到，正碰上我在机房里批评一位员工，她走进来，显得有点胆怯的样子。当时我就想，以后最好不要吓着她，只是后来，我还是"训斥"过她一回。

以前，每个网点都有一台独立前置机与主机房机器相连，而前置机系统升级是经常的事情，一般都在晚上七点以后进行，所以会要求所有网点分理处都要有人留守。每次系统升级时只可通过后台主机批量发送指令，然后这个指令会出现在每个网点的前置机屏幕下方。正常情况下，主办会计就是守在前置机前接收联社信息科技部发出指令的责任人。那时还没有QQ群、OA办公系统、微信群之类，沟通主要靠电话。

每次升级我都会全程参与，有一次升级过程中，还差一项参数验证（有机构号的网点，会计验证一下即可），已近晚上九点了，任艳擅自发了一条指令：分社的人可结束回家，信用社会计稍后等通知进入系统验证。有个分社一直没有验证，当我了解情况时，才得知任艳擅自发了通知。由于没有得到及时验证，升级未能全部成功。面对这个情况，那天我冲任艳发了很大的火。通过这次"训斥"，我让她深切地明白了：做事要从全局考虑，凡事要有规矩。

"训斥"归"训斥"，任艳的好学上进我很喜欢！她是一个理科生、工程师，喜欢编程、搞软件开发。我知道她一直向往着去江苏省联社计算机中心，便给她争取到了一次深造的机会：去江宁计算机中心软件开发部工作两年。我知道那两年她在那边工作很辛苦，便常常抽空去看看她。了解到她认识了好多在科技战线工作的同事，还做了当时中间业务系统的讲师，参与了很多中间业务项目的建设，特别是还参与了苏南八家农商行的柜面通项目，对此，我很是欣慰！

后来，江都信用联社筹建农商行，我作为分管信息科技部的领导，希望信息科技部的同事们能自主研发出适合江都实际的绩效考核系统。通过努力研发，他们获得了成功，绩效考核系统的主开发人任艳得到了从业生涯里的第一次"突出贡献奖"，现金奖励5万元。

2004年江苏省联社对全省的法人联社进行分批联网，这对刚到信息科技部工作一年的我是一次不小的考验。虽然那时候，我已经能够看懂并理解机房的网络拓扑图，但是对于联网这项工作能否顺利进行，我还是底气不足。后来，在江苏省联社计算机中心的大力支持下，加上江苏省联社计算机中心主任刘志伯是我南京大学研究生班的同学。2004年汇都联社综合业务系统并网，江苏省联社计算机中心对江都联社给了大力支持。经过联社信息科技部全体人员共同努力，顺利地进行了各项模拟测试，2004年8月顺利与江苏省联社系统联网运营。

2004年，全省的农信社面临着系统大集中，也是我到信息科技部工作以来的又一场"大战役"。这次"战役"历时4个月，不同于以往的"小打小闹"，是以往模式的颠覆性变革，涉及银行业务和管理的方方面面。我的任务很多：要接待江苏省联社派驻的项目组、要负责大集中系统的方案制定、要组织系统切换演练、要拿出网络和应用系统架构部署的方案、机房环境和设备部署的方案，还要负责与业务部门一起制定培训方案、账务核对和系统校验方案等。

合作伊始，信息科技部的同事们与江苏省联社派驻江都项目组一行素昧相识，我得想些办法，让他们尽快熟悉起来，因为这是后续干好一切工作的前提。其实说来也简单，就是让他们工作之余更多些接触，更多些了解。后来的他们相互体谅、相互关心，像一家人，江苏省联社项目组一行常常和我们一起工作到很晚。

这期间，账务系统的一次次跑批，分户账、明细账、科

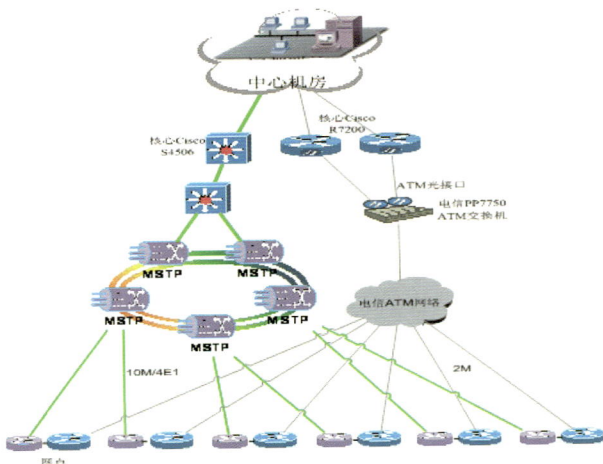

江都信用联社网络拓扑图

注：网点通过10M带宽线路通过MSTP，联社服务器通过服务器汇聚，楼层通过楼层汇聚，分别接入核心思科4506交换机与江苏省联社交互。除此之外有2M带宽通过ATM传输技术通过电信pp7750交换机接入核心思科7200交换机与江苏省联社交互。

目余额等的核对工作一轮又一轮地进行着。我和信息科技部的同事们一起战斗、天天加班，周末也不休息，只为保障全省大集中这项工作的顺利推进。

这里有个小插曲：平时本就胆怯的任艳哭了。

一次网点会计培训会上，一位部门的负责人总结上日系统跑批情况时，不停地说工作完成得不好，账务没有找平会影响项目进度等。刚工作不久的任艳，以为是批评她，一时间委屈地流下了眼泪……作为任艳的部门领导，我听说了这件事情后，立马跑去和这位负责人进行沟通、了解情况。当了解实情后，我又及时开导任艳，让她理解这位负责人的本意是为了更好地推进数据大集中这项工作。

作为一个小女生，任艳很可爱。

2004年夏天，她跟着我去北京参加中国国际金融展。忙中得闲，她坚持要去心心念念一直想去的圆明园。我建议：去颐和园不好吗？风景优美，景色宜人，再坐条船游湖，悠闲又自在。她说：我还是要去看一看那一堆石头，我要亲手摸一摸那些残石，我要亲眼见证这满目疮痍，感受一下那段历史的沧桑，慰藉一下我内心的爱国情怀。看到她一本正经的样子，恰似我的当年，便不再坚持。结果是烈日当空下我等了她近半个小时。当看到我大汗淋漓的样子，她很是自责。

这次出行，她很开心，我便高兴。

她也有单独放飞的时候，她喜欢说"第一次"，受她影响，我都习惯了这样说：她第一次单独去北京出差，是参加中国国际金融展。因为这第一次，她回来高兴地告诉我，她体验了很多的第一次：第一次坐卧铺的铁皮火车、第一次坐了飞机、第一次爬了长城（虽然因某些原因中途折返未达终点，也算是过了一回女汉子的瘾）。

她出嫁时，我基本上参与了她婚礼的全程策划。后来的某一天，她悄悄地跟我说：您细致入微的关怀和安排让我无法忘怀，您就像个暖心大姐一样，一直关心照顾着您身边的每一个人。其实暖心是相互的，我没有告诉她，我想她已经懂了。

2003年3月至2006年10月，我在联社信息科技部与所有同事一道，推动了信通卡的发行、门柜业务系统全县联网和数据集中、实施了江苏省联社第一代核心业务系统的上线。与大家一同在科技战线上摸爬滚打的这几年，联社信息科技部年年获得了江苏省联社科技考核先进单位称号，实现了科技对业务发展从支撑到引领的作用。

工作之余，我更是通过了一系列的考试：经济师中级职称考试、计算机中级考试、职称英语高级考试。

人生在勤，勤则不匮。风雨过后现彩虹，终于，我迎来了人生的又一次绽放。

人生感悟

面对全新的工作岗位，陌生的工作内容，不畏惧、不推托，只要肯学肯钻，一切都会迎刃而解。信息科技部的工作经历让我明白了：你若成长，时时、事事、处处皆可成长。

大方之道

为人之道　成长之道

四

乘风破浪的姐姐

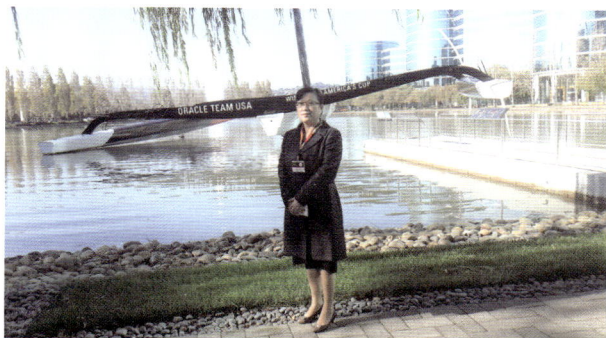

在水一方

（一）铿锵玫瑰

——潮起海天阔，扬帆奋斗时

如果成功有另外一个名字，那一定是"奋斗拼搏"。奋斗是一个人必不可少的精神，唯有奋斗能使我们触碰梦想；唯有奋斗能使我们站得更高；唯有奋斗能使我们热血澎湃；唯有奋斗能让青春无悔，让梦想插上现实的翅膀，让人生收获满满。

当真是风雨过后现彩虹！

2006年，江苏省农村信用社联合社给予了大家一次公开、公正、公平的机会：公推公选，竞聘基层信用联社高管。

机会总是留给有准备的人。江都信用联社意向要选拔一名高管，当时约有20人符合条件报名参加笔试。从工作之初就养成的一直不放松素质修养和文凭证书学习的好习惯，保证了我得以笔试第三名的成绩顺利入围，接着顺利通过了面试和民主测评。

2006年10月，经江苏省农村信用社联合社党委提名，江都市农村信用合作联社理事会表决通过，报扬州银监分局任职资格审查确认，我被正式聘任为江都市农村信用合作联社副主任。

我成为江都信用联社历史上的第一位女性高管。

静下心来，才觉着这盛名之下，得付出更多的努力才行。

我的职业生涯，从基层信用社的一名储蓄记账员开始，然后，基层信贷员、联社信贷科办事员、联社营业部信贷员。经过近十年的磨砺，我走上了领导工作岗位，首先是联社营业部副主任。这个"官"不大，但是工作的开展所受的约束相对也小。虽然一路风雨、颇为辛苦，却是顺心如意、施展身手。担任财计科副科长一职后，由于不谙仕途、性格耿直等原因，郁郁而不得志，一度几近心灰意冷，好在终于熬过了这段漫长的"寒冬"。担任信息科技部总经理后，一切从零开始！我用事实证明了自己的工作能力、领导能力：即便在我"一窍不通"的岗位上，也会干得"风生水起"。

而今，被聘为江都信用联社副主任，我将继续秉承自己一直以来的坚守："善、直、诚、信"是为人处世的基石。继续保持自己踏实苦干、不服输的工作作风，逐步培养作为高管必须具备的高瞻远瞩的能力。有一副对联，我很喜欢：世上无难事，只怕有心人。我有决心，也有信心做好自己分管的任何工作。

担任江都信用联社副主任之初，时值江都信用联社根据国务院深化农信社改革的方案以及银监会的相关要求，拟进行股份制改造，组建江苏江都农村商业银行股份有限公司。

为深化体制改革，进一步明晰产权，转换经营机制，提升经营管理水平，增强服务"三农"功能，更好地促进地方经济发展，2007年6月，江都农村信用合作联社成立了组建银行准备工作小组，并就组建银行存在的问题进行了探讨研究，拿出了阶段性工作计划并付诸实施。从这一刻起，成立江都农商行，便成了我们江都联社人孜孜以求的目标。

2007—2009年，作为联社副主任我先后分管过信息科技部、营业部、资金营运部，协助分管风险管理部。

三年多的时间里，无论分管哪些部门，我都紧紧围绕着成立江都农商行这个大目标开展工作，力求自己分管的部门能够尽快、尽好地达到相关的要求和规定。

联社营业部，是联社的门面，如同一个人的脸面。我一再地督促他们：任何时候，不要将自己等同于一般基层网点，任何一个方面，不要仅仅满足于完成联社布置的各项工作，更要在全联社范围内起到模范带头作用。我是这样要求的，他们也是这样努力去做的，实际工作中，联社营业部确实也在诸多方面起到了"领头羊"的作用。

联社营业部一直坚持"存款立社、存款兴社"的宗旨。我要求他们从强化营业窗口的管理入手，把优质文明服务作为存款工作的突破口，把客户是否满意作为衡量工作好坏的标准，延伸储蓄柜台，开展便民业务，办理业务时做到迅速、及时、准确，用真诚赢得储户，树立了营业部的崭新形象。这几年的工作经历，让我感受到无论技术如何更新，情感永远是赢得竞争的根本因素，人性化才是竞争的最大优势。在营业部全体职工的共同努力下，各项业务均取得较好的发展，2008年营业部会计等级、信贷等级均为一级。

即便如此，2008年年底，我分管的营业部还是碰到了一件非常棘手的事：山东某法院到江都信用联社营业部查询、冻结一家企业账户，以营业部经办人员不配合为由，要处以罚款20万元。作为分管领导的我，先后几次赴山东进行协调，经过多方努力，在江苏省联社领导的关心帮助下，协调山东省农村信用合作联社临沂办事处，最终于2009年7月得以妥善处理此事。

信息科技，是当今银行开展各项工作的技术保证。我从信息科技部来，对于这一块的分管虽然轻车熟路，但从不掉以轻心，要求他们不断强化管理职能，时刻提高服务质量。

三年内，信息科技部正式开始实施会计档案的电子化保管；在营业部和清算中心进行了前置机后移技术试点工作；会同安全保卫部实施了基层监控联网工作；全面开通ATM业务；配合南京大学金利得公司圆满完成视频会议系统的系统集成工作，并为各网点操作人员提供了针对视频会议系统操作使用方法的专门培训。

我还带领信息科技部的相关人员，实地考察了盐城市区联社的指纹系统应用情况，宜兴农合行贷记卡系统、事后监督系统应用情况，姜堰农合行手机银行系统应用情况等。考察归来，相关人员深有感触：学习了科技创新经验，积累了科技创新素材，强化了科技创新理念，决心在充分调研的基础上，做好科技创新的各项准备工作。所有这些，为下一步进行科技创新，更好地为经营服务打下了良好的基础。

前置机后移项目建设工作，在派员参加了江苏省联社关于前置机后移的相关培训后，我随即组织信息科技部开始相关准备，从设备选型、系统安装、试运行到备用系统的准备，进行了认真的部署和安排，如期完成了所有系统的集成，圆满完成了任务，实现了系统管理的优化。

在江苏省联社的系统帮助下，实现了各个信息管理系统的集中登录。根据权限进入不同信息管理系统，为各级使用者提供工作、管理和查询便利，更好地满足了联社经营管理层在决策分析时对报表功能及信息含量的要求。此外，还实施了视频会议系统和办公自动化系统与江苏省联社的接入，使联社的视频会议系统和办公自动化系统的功能得到进一步提升和完善。

在购买电子设备过程中，从联社实际出发，会同相关部门进行选型，积极进行市场调查和询价，严格按联社采购制度执行，确保所购设备真正做到"价廉物美"，其中部分设备价格远远低于市场价和江苏省联社指导价。

根据联社的统一部署，我及时组织信息科技部与资金营运部共同进行ATM的定点、选型工作，迅速组织安装调试，并成功实现了带卡号叠加功能的ATM视频监控联网。同时，对辖内所有自动取款机的客户端软件进行了一次全面的改造和优化，改进了自助设备的客户操作界面，使客户操作更加方便、简单。在此基础上，安装了全新的交易监控和统计系统，进一步提升了服务水平和品牌形象。在增加自助设备的同时，举行了农民工银行卡特色服务宣传活动，发放宣传手册，向客户群宣传"农民工银行卡特色服务"，宣传银行卡使用范围等相关知识。

当时的资金营运部除了负责联社富余资金的投资运作外，还承担着组织资金工作的统筹管理和策划。

在走访客户和广泛听取基层社的意见和建议的基础上，科学合理地分解了组织资金任务，及时将任务进行了分解落实。此后，配合市政府的"三下乡"活动，到相关集镇布置宣传咨询台，大张旗鼓地宣传信用社的各项业务。再通过电视字幕、广告、基层社制作横幅、制作彩虹门等形式，宣传信用社的强大资金实力和卓著的信用能力。所有这些动作，均收到了良好的效果。

由于任务分解及时合理，充分调动了基层信用社的积极性，江都信用联社每年都超额完成了江苏省联社下达的组织资金目标任务。

资金营运部着重从提高交易员素质入手，加强了"江都农信社"的品牌化建设。对交易员，我们提出了"一诺千金，诚信交易"的要求，以精准的市场判断、高效的交易效率、良好的沟通协调能力吸引合作对手。截至2009年年末，江都信用联社获得了50多家银行机构的信用拆借授信，还被中央国债登记公司邀请为"中债收益率估值成员"。在做好现券交易业务的同时，我们以"小额报双边"的形式，积极跻身市场定价，逐步在市场成员中树立了"主动做债"的积极形象。

经过不懈努力，联社的债券投资工作，初步拥有了稳定的客户资源，同时培养出了较为优秀的交易员，且拥有了一定的市场品牌效应。能够在理性投资的基础之上，做到心中有数地实施市场趋势运作，多次成功地如预期一般，准确地实施了高抛低吸。

围绕信贷资产余额的控制目标，在用足信贷额度的同时，争取收益最大化；票据交易中，联社开展了短期票据融资（票据回购）、票据代持、票据双买断等新交易方式。

为了丰富产品，联社积极申办圆鼎贷记卡，为此专程考察了姜堰农合行，并牵头组织圆鼎贷记卡的相关申报手续。在制订并完善了各项内控制度后，于2008年5月向监管部门进行了申报。2009年年初，经过不断修订完善，我社的圆鼎贷记卡开办申请终获省银监局批准。同年也正式开办了POS收单业务。

虽然是协助分管风险管理部，但我还在得到直管领导的同意下开展工作。除了日常的全面风险管理之外，对于不良资产的清收也是工作的重点。曾有一笔基层信用社的船舶抵押贷款，在贷款出现风险苗头后处置所抵押的船舶时，只知道船在武汉辖内，不知道具体位置。武汉本来就是中国内陆最大的水陆空交通枢纽和长江中游航运中心，江河纵横、湖港交织，水域面积占全市总面积四分之一。在网络技术还未普及的年代，在茫茫大江中想找到一条船，谈何容易。我带领风险部人员多次到武汉去寻找，以支流、船厂为主要排查目标，借助当地海事部门的帮助，最终在不知名的某一支流找到了这条船。后续又多次与武汉海事法庭对接，最后在武汉海事法庭的强力执行下，将该船舶进行了拍卖处理，相关款项用于归还贷款。

也许是分管资金运营部的原因，我必须及时掌握和分析宏观政策以及经济形势的变化，自然对身边的"投资项目"也比较关注。2008年4月，我还"牵头"做了一回颇为自得的"投资"。

这一年，我儿子20岁。儿子大了，原来的住房空间就显得小了，我想买个大一点的房子。考虑到区域优势、坐落优势、结构优势、价格优势等方面的因素，最后经过了解和比较，我看中了心怡房产名下的"春江花都"小区。

我想，与我年纪相仿的同事，应该也有买房子的需求。我们如果组团去和开发商谈，更有议价的空间。还真是这样，我问了周围的同事，大家都有这样的想法。只是当时"春江花都"小区的价格不算低，开始大家有点望而生畏，后来经过我的一番分析，都打消了顾虑。最后，大家都一致决定购买。

"思想工作"最难做的当是同事徐海。一开始，他认为自己在"城中花园"住得好好的，没有必要再买房子了。后来经过我的多次"破冰"，他才勉强同意去看看。

我便领着他和其他同事一起观看沙盘，听售楼小姐介绍房情，其间，我又多次跟他重申买房的好处、介绍房子优势等。在我的耐心劝导下，徐海下定了决心买一套。

后来我们又组团和房产公司去议价，也便宜了不少。就这样，徐海在"春江花都"小区买了一套：130多平方米、地下储藏室30平方米、再加阳台露台5平方米，总价55万元，算起来均价4000元/平方米多一点。

自2009年起江都房价是一月一个价，到2017年仅"春江花都"小区就翻了一番，达到8000多元/平方米。2020年政府决定把江都中学迁过来，房子均价更是达到了12000元/平方米以上。如果放在当下，那套房子起码要在155万元以上。

当时开发商到底亏不亏呢？当然不会亏，只是利润薄一点。当时情况下，对开发商来说卖得越快越好，卖得越多越好。

受益的不只是徐海，还有其他同事。我受到了同事们的"高度赞扬"，那成就感自不必说，心里乐滋滋的。

通过买房这件事，我有几点比较深刻的体会：

一是工作中，也应该及时地调整理念。思想不能落后，落后就会吃亏。

二是心地要善良，要乐于助人。帮助别人的同时，说不定也成就了自己。

三是工作生活中，要勇于进取。在闲聊趣谈中，在不失体面和尊严的同时把事情办好。

所有这些工作目标的顺利完成，离不开全员的共同努力，所以工作中"人"是第一要素！但人有衣食住行的烦恼，人有灾害病痛的侵袭。作为江都信用联社唯一的女性高管，我对职工生活、职工成长，特别是弱势群体尤为关注。

应该是我担任江都信用联社副主任后不久，曾经的丁沟信用社同事，时任联社信贷营销部副总经理的刘立平，他的母亲生病了。刘的孩子在城区一所中学上高中，刘的母亲在老家丁沟生活。当时他的妹妹已经陪同母亲去了当地卫生院治疗，因为手头工作较忙，刘立平就没有抽时间回去。他以为母亲病得不严重，结果几天下来未见好转。我知道此事后，打电话给他说："你的父亲已经不在了，妈妈是你最亲的人，工作再忙，也要抽出时间来陪妈妈。"我又将此事向当时的理事长朱俊峰作了报告，随后朱理事长立即给刘立平协调好了手头的工作。我帮刘去市人民医院（以下简称"市人医"）找好了医生，安排好病床，并亲自安排了车辆去接他的母亲。刘后来对我说：那天一大早，我和母亲赶到市人医时，远远地就看到了你站在医院门口……说这些时，一个偌大的男儿，眼睛竟然有些湿润了。其实于公于私，这些都是我应该做的。我逗他开心：应该的，应该的，你还是我"舅舅"呢！

现任镇江农商行副行长的王登国先生后来曾和我说过："虽然工作岗位多次变动，但您对我的关心一直没有断过，在我遇到困难的时候，第一时间都是向您求助，在关键的时候您都尽最大的努力帮我，给我带来无数的感动。在您的关心帮助下，我也由一名默默无闻的基层员工成长为农商行高管。我知道我每一次的进步，都是有您这样的贵人在背后支持，我一直感恩。

特别在我走上领导岗位后，才真正理解到您的酸甜苦辣。每个人成功的背后，都是付出了无数的艰辛，特别是作为一个女同志，能够成为一名高管，背后的付出其实是很多很多的，别人只看到了您人前的光鲜，没有人看到您背后的负重前行。"

一番话，让我哽咽无语，有这份理解，对自己曾经的付出当是莫大的宽慰。

在江都市妇联的关心和指导下，2008年9月27日，江都信用联社成立了妇委会，召开了江都市农村信用合作联社第一届妇女代表大会，大会选举我担任联社妇委会主任。

担任妇委会主任之后，关爱弱势员工，帮扶贫困群体更是我的职责所在。在联社营业部工作期间，我结识了不少"打工妹"，后来，直至成为高管，我与她们一直都有联系。从她们买房落户到生孩子上学，我都尽可能地发挥自己最大的能量，去帮助她们。当她们一口一声"大芳姐"地叫我时，我被她们的那份朴实、那份善良深深地感动了。

有位女员工家境本不富裕，患上肾病，双肾都要移植。此时，老公又离她而去。我知道情况后，迅速以联社妇委会的名义，在全系统组织进行募捐并带头捐款，终于挽救了她的生命。此后每年春节前我都上门慰问，且自己拿出一两千

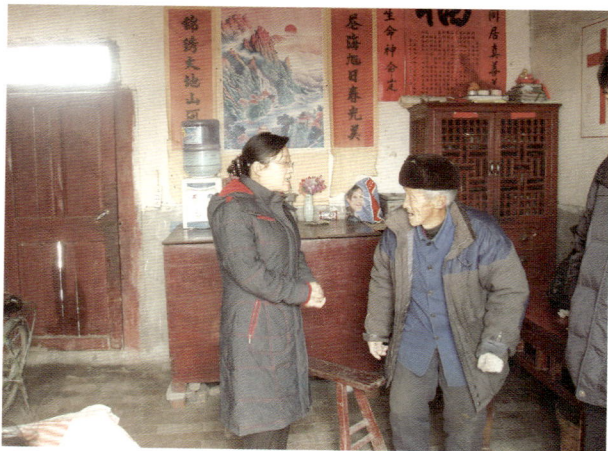

慰问贫困老人（该图摄于2007年小纪镇黄思村贫困老人家中）

元不等，略表心意。

家乡有戏叫"扬剧"，戏中有词"当官不为民做主，不如回家卖红薯"。在我被任命为联社营业部副主任的那一霎，我想到的就是这唱词，因为不论大小我算是个官了。后来，我一直把它作为自己的处世信条，每每遇事，总是把员工的利益放在第一位。我以为，要求职工尽心尽力地做好本职工作，不能只是一句空洞的说教，只有尽可能地帮助他们解决后顾之忧，我们的团队才会更有凝聚力，更有战斗力。

江都信用联社全体员工的所有努力都是为了一个共同的目标，那就是组建属于我们自己的银行：江苏江都农村商业银行。

2009年4月14日，江都信用联社向扬州银监分局申请筹建江苏江都农村商业银行股份有限公司，获得批准。

2009年12月21日，江苏江都农村商业银行股份有限公司（筹）第一届董事会第一次会议召开，聘任我为江苏江都农村商业银行股份有限公司副行长。

生命的最高意义并不在于一代又一代的重复，而在于一次又一次前所未有的超越和突破。正如王阳明所言："如人走路一般，走得一段，方认得一段；走到歧路处，有疑便问，问了又走，方渐能到得欲到之处。"每个人都可以走出一条不一样的人生道路，都有能力去创造不同于前人的精彩。困惑是在所难免的，遇到了便自己去寻找答案，方能渐渐弄清自己人生的方向所在。前提就是，敢于大胆尝试，在实践中体悟一份真正属于自己、适合自己的人生智慧。

大方之道

· 为人之道　成长之道

（二）乘风破浪的姐姐
——秉承初心，不负韶华

　　多数事并不如你想象得那样一帆风顺，但你却因此成为一个可以乘风破浪的人。由农村信用社改制为农商行后，每一天都是新的，每一天都倍感珍惜。在沿袭着支农支小这条大道前行时，走驱动发展之路，勇闯"无人区"、勇当"探路者"，则是前行路上的鲜明标签。"普惠信贷工程"让每一位符合贷款条件的农户贷款不再难；"两权一中心"，将支农支小落到实处；"快通工程"让百姓"足不出村"享受金融服务。

　　2010年4月17日，江苏江都农村商业银行股份有限公司正式成立。

　　此时此刻，我担任江都信用联社副主任已是三年有余。三年多来，在与江都信用联社领导班子成员们一起同心同德、劈波斩浪的日子里，我时常地想到工作以来的这20多年，从理想的"云帆初起"到能力的"霜刃初试"，再到后来与营业部、与科室一班人的"风雨同舟"。如今的江都农商行，何尝不就是当年的我，只是江都农商行这舟，是大船，正走向巨舰、走向航母。

江都农村商业银行第一届领导班子合影

　　与农业银行分家之初的日子，不就是"云帆初起"吗？各项业务的拓展与尝试，不就是"霜刃初试"吗？当我们走向股份制改革之路时，那种全员的凝聚力和战斗力，不正是那"风雨同舟"吗？

　　江都信用联社的历史，开始了新的篇章：江苏江都农村商业银行股份有限公司。于这再次的"云帆初起"之时，作为江都农商行唯一的女性高管，我自豪，我骄傲！我要大声地告诉自己：我就是那"乘风破浪的姐姐"！

　　曾经的过往，给现在提供了丰富的经验。古语亦云：治大国，如烹小鲜。我有信心，也有能力做好现在的自己。

　　2010年至2015年，我先后分管公司业务部、个人业务部、资金营运部、电子银行部、国际业务部、人力资源部、信息科技部及营业部。五年多来，我以成立农商行为契机，围绕全行工作重点，带领分管条线的干部职工出色地履行各自职责，较好地完成了各项经营目标。

　　农村金融问题是事关农业农村稳定和国民经济健康发展

的全局性问题。机制一变天地宽。农村信用社改制成为农商银行，变的是产权制度，不变的是职责定位；变的是发展方式，不变的是发展方向；变的是手段，不变的是内涵；变的是外表，不变的是初心。

"支农支小"不仅是江都农商行的社会责任和使命担当，更是江都农商行的衣食之源、生存之本、发展之基。

在分管前台营销部门时，我始终牢记农商行服务"三农"和"小微"的初心，坚守着服务"三农"和"小微"的定位。我深知，当好服务"三农"主力军，不能光靠慷慨激昂的诺言，更需要脚踏实地的行动。那时的我时常和一线的同事们一起走企业、访部门，跑客户，了解客户需求，掌握第一手资料，带领大家不断地创新和优化营销方法和手段，制定出科学的战略和可行的战术。因为，我深知市场营销就如同带兵作战一样，作为"指挥官"的我必须听得见炮火，必须对战局了如指掌，这样才能制定出科学的战略和可行的战术。

在组织资金方面，我坚持扩总量、扩份额、扩市场"三扩"并举的战略。

一、组织竞赛造氛围。每年围绕业务发展目标，结合业务发展现状，带领全行开展首季营销竞赛、双月赛、阶段监评竞赛，有效促进了组织资金的稳步增长。

二、三层督查促联动。为让全行上下都参与到营销工作中来，建立了三层督查机制。支行行长和部门经理督查各支行、部室的任务完成情况和采取的具体措施；职能部门关注资金变化动态，分别按季、按月、按旬、按日公布个人组织资金归户情况，及时反映存款动态变化情况；分工片领导对分管条线、区域进行督查。

三、客户联谊强沟通。年初，分别在各大集镇召开在外经济能人和股东联谊会、在总行召开浙商联谊会、建筑业客户座谈会和VIP客户联谊会。每年7～9月份是银行存款淡季，我们就召开员工动员大会、家属联谊会、股东联谊会和政银企联谊会，通过员工带家属、家属带亲朋、股东带客户，政府带企业等一系列方式，调动一切可以动员的因素，全方位吸收存款。

2010—2015年，江都农商行存款从当初的86亿元，增长到238亿元，增幅达177%。

在信贷营销工作方面，我坚持讲转速、讲质量、讲战略"三讲"到位战略。

一、由"讲增速"向"讲转速"转变。在日益激烈的市场竞争环境下，拼速度的时代已过去了，现在银行之间的竞争比的是产品，拼的是定价能力和服务。在产品方面，我们对现有的产品进行梳理和整合，对所有产品进行统一包装，并逐一列出产品特点、产品优势、产品价格并编印成册，以便基层员工在营销时能够对产品了如指掌，如数家珍，为客户推荐组合型产品，使我行成为客户的金融服务超市。在服务方面，通过简化贷款审批流程，变原来的五级审批为七级审批，增加了基层信贷主管和区域总经理两级审批，将审批权限进一步下放，放大了基层支行的贷款审批权限，办贷手续更加便捷。

二、由"讲数量"向"讲质量"转变。实施业务转型升级和发展模式再造，提升风控水平，健全运营系统，由过去的数量扩张和价格竞争逐步转向质量型、差异化为主的竞争。实施分层营销，形成总行和支行互动机制。与274户紧密型客户签订战略合作协议，对"江都区前100强企业"中未与我行发生信贷关系的客户进行逐户走访，建立台账，储备基础客户数据库。实施大额贷款上收集中管理。2015年，上收全行1000万元（含）以上大额贷款，通过对大额贷款业务的集中管理，进一步加强大额贷款的风险管控，让基层客户经理腾出更多的时间和精力经营"三农"和"小微"企业贷款。成立事业部制小微贷款中心。与有关中介公司合作，引进新的信贷管理技术，设立微贷中心，以城区为主战场，辐射全辖，与城区支行共同作战，专门发放50万元以下的小微贷款。在公司贷款营销上，实施挂图作战营销策略。要求每位客户经理将自己服务区域内的每个乡镇、每个园区逐条道路上的所有企业进行绘图，逐个企业进行排查，按与我行合作紧密度进行分类标注，类似于现在的"网格化营销"。有了这张作战图，客户经理再按图逐一进行攻关营销，维护存量客户、拓展目标客户、攻关重点客户，做到守土有责。

三、由"讲占比"向"讲战略"转变。切实把握国家战略、结构调整、产业升级带来的新空间、新机遇，积极开拓新市场、开发新产品、开创新业务，全力助推农业产业结构的战略性调整，积极支持高效园艺业、规模畜牧业、特色水产业、农业产业化经营、农产品加工业和流通业发展，要能够在新的领域中谋求新的发展。

"普惠金融"是近十年来比较流行的一个金融词语，大概的意思是，能全方位地为社会所有阶层提供有效的金融服务。事实上，对于那些有资产、有能量、有资源的个人和企业，从来都不缺少金融服务，而是服务过剩。一些农民、创业人员、小微企业等群体，才是真正的融资弱势群体。

江都农商行源于农村信用社，更名只是为了更好地适应市场经济环境。一路行来披荆斩棘，跋山涉水。这一路的坚持，我们始终牢记："根据地"永远在"三农"。工作中，我们是这样想的，也是这样做的。

为了更好地服务"三农"，将金融服务普惠至千家万户，解决百姓"贷款难、贷款贵"的难题，我们针对个人贷款推行了信贷普惠工程（相当于后来银监会提出的阳光信贷工程），坚持着"让每一个符合贷款条件的农户不再贷款难"的愿景，致力于将农商行打造成支持农业、联系农民和推动农村经济发展的金融纽带，信贷普惠工程主要以易贷通卡为有效载体，通过逐村逐户调查、内外部评议等一系列程序，使符合条件的对象享受一次授信、三年内周转使用的信贷服务。为了更好地评判信贷普惠工程的实施方案、操作流程是否合理，我作为分管前台的副行长，常常与网点支行行长、客户经理一起走村串户。丁伙镇双华村作为信贷普惠工作的试点，我全程参与了资料收集、入户调查、内外部评议、授信公示、签约授信、客户分类、精准营销等一系列过程。在试点工作的基础上集思广益，对信贷普惠方案进行了进一步完善，为信贷普惠工程在全行推广掌握了第一手资料。

这里值得一提的是在推广信贷普惠工作中，探索推出了"两权一中心"模式，"两权一中心"模式，即林权、农村土地承包经营权担保贷款和资金互助信用中心担保贷款。通过盘活农民资产，解决农民贷款担保难题，为农民提供便利、高效完善的融资服务，开启了农民融资难题的破冰之旅。

两权介绍：

2011年，时任江都农商行董事长章政远带队，作为分管前台的副行长，我和部分中层干部一起赴四川成都农商行进行交流学习，学习成都农商行试行的"林权抵押贷款"操作流程，后期又在江都区金融办的组织下，与农工办、人行、国土、房管等部门单位负责人一起到徐州的新沂市进行了学习调研。学习归来后，我带领公司业务部相关人员会同市农林部门在本行部分网点进行试点。在试点的基础上，出台了《江都农村商业银行林权抵押贷款管理办法》《江都农村商业银行林权抵押贷款操作流程》《江都农村商业银行土地流转经营权抵押贷款管理办法》《江都农村商业银行土地流转经营权抵押贷款操作流程》。

林权抵押贷款是指以林木所有者为贷款对象，且需具备完全民事行为能力的本区户籍人员，或在本区注册经营的林业企业，为满足自然经营发展需要，以其自有的林地使用权和林木所有权抵押向江都农商行申请的贷款。林权抵押贷款以林地使用权抵押的，林木所有权必须同时抵押。

农村土地承包经营权质押贷款是以土地承包经营权人为贷款对象，且需具备完全民事行为能力的本区户籍人员，为满足自身生产、经营资金需求，以本人的农村土地承包经营权质押向江都农商行申请的贷款。

信用中心介绍：

信用中心是在民政部门登记的社会团体法人组织，实行政府推动、农村商业银行扶持、市场化运作。宗旨是传播和发扬信用文化，融合政府的行政优势、农村商业银行地方金融优势和群众的融资需求，促进本镇信用体系和金融生态环境建设。在"先富帮后富，政银齐推动"的指导思想下，由政府和先富起来的企业主发起设立，为本镇小微企业和农民等会员生产、经营、消费提供融资中介服务，解决中小微企业、农户、商户资金需求，推动地方经济持续、稳定、和谐发展。其时，共成立了小纪、武坚、宜陵、真武、丁伙五家信用中心。据统计，仅2011年至2012年两年时间，五家信用中心共为3851个贷款户提供了担保，累计担保笔数9441笔，累计担保金额34亿元。

自改制以来，江都农商行既不盲目地效仿其他股份制银行，也不片面地追求大而全。我们始终坚守自己的定位，找准适合自己的发力点，积极寻求属于自己的"蓝海"，充分利用点多人多的特点，贴近客户、精耕细作，推出既符合客户需要，也是自己能做到、做得好的产品和服务，从而逐步在一些领域和地区形成自己的专业比较优势，走出了一条差异化发展的路子。

多年来，江都农商行坚守"支农支小、服务本土"的核心定位，全力扶微助小、惠农兴村，朝着成为联系农民的"金融纽带"和农村金融"主力军"的方向努力，实现了农村经济和农商行相互促进、共同发展的"双赢"。

经过多年的推广和不断地优化，此举得到了当地政府以及上级部门的一致认可，得到了广大老百姓的一致好评。2011年度，我行获得江苏省银监局"小企业金融服务先进单位"荣誉称号，特别是"信贷普惠工程"工作受到了银监会专门表彰。2012年我行"信贷普惠工程"获得江苏省银行业协会2012年度服务小微企业及"三农"十佳特色产品称号。

2010—2015年，江都农商行贷款从当初的65亿元，增长到160亿元，增幅达146%。

为了更好地了解经济金融形势，探讨新的经济与金融热点话题，2011年4月份，我作为江都农商行的代表受邀出席在北京举办的第七届中国金融（专家）年会。那次年会的主题是全球低碳形势下的中国金融业发展方略。为期三天的会议，听了专家学者对经济金融形势的分析，我获益匪浅。会间，我主动和与会同行交流，学习他们的先进经验、借鉴好的做法。总的来说，那次会议是"会上没听够，会间忙交流"。

当越来越多的城市客户群体适应了电子渠道办理业务的金融服务方式的时候，农村客户却大多还没有这种意识和渠道来"享受"这种服务。为了让农民体验到现代网络渠道带来的便利，实现农民居家金融服务，引领农户紧跟时代发

学术交流[该图摄于2011年第七届中国金融（专家）年会]

展的步伐。2010年8月23日，江都农商行成立电子银行部。为了推广和普及电子银行业务，作为江都农商行电子银行部的分管领导，我首先从人员培训入手，要求员工做到持证上岗，按年按季度组织全员开展电子银行业务培训，提前完成了扬州地区法人单位高管和电子从业人员的统一考核。在业务拓展上，力求产品丰富，积极开办各类电子银行产品，如各类POS业务、上线了"村村通"工程、开办手机银行、推广江都市民卡。在营销活动上，追求活动不断，开展了"温暖E冬"营销活动、"E路有我伴，精彩礼相逢"专题营销、"轻松体验，募捐有礼"支付宝卡通专题营销、"银信双E通"营销活动等。

2011年，江都农商行作为中国人民银行南京分行"快通工程"十家示范点之一，不断加大产品创新力度，致力于不断优化和改善农村地方银行卡受理环境，不断丰富农村地区银行卡支付渠道，让银行卡支付在广大农村地区一路畅通。

一是充分布点，让百姓"足不出村"享受金融服务。2011年，我行先后购置了31台取款机和存取款一体机，在江都各大乡镇进行了布点，覆盖率达175%，有效改善了农村地区银行卡受理环境，增加了银行卡在农村地区的使用渠道。同时，为努力消除金融服务空白村，我行在全区各个乡镇行政村安装了1～2台村村通POS机，实现了"机到村、卡到户、钱到账"的目标，让农民进入了"刷卡时代"。

二是加大创新，让农民"一卡多用"满足多样需求。2012年年底，我行积极与江都农村社会养老保险事业管理处对接，联合发行了"江都圆鼎市民卡"，该卡除现有的金融功能外，还包括新农保和涉农一折通的代缴代付，代收水电费、代收电视费等多种功能。

三是推陈出新，满足不同商户收银需求。针对商贸流通和公益类商户，我行推出了直联POS，先后成功拓展了江都最大的连锁超市宏信龙超市连锁店，中石化直属企业扬州石化及其所属加油站等当地具有一定影响力的企事业单位；针对一些专业市场，如江都三大钢材市场、三大建材市场商户推出了EPOS，满足商户对资金到账及时、手续简便、费率低的需求。

江都农商行电子银行部从2010年8月成立至2013年，取得了长足发展，实现了服务辖区13个乡镇、257个行政村的农村基础金融服务全覆盖。

2010年度，江都农商行在全省电子银行考核排名24名。扬州地区农商行系统第一家发行圆鼎贷记卡。

金融普惠、服务到村（该图摄于2010年）

2011年度，江都农商行在全省电子银行考核排名14名，荣获江苏省联社电子银行考核优胜单位。全省农商行电子银行知识竞赛获得优胜奖。

2012年度，江都农商行在全省电子银行考核排名4名，江苏省联社电子银行考核优胜单位。在全省农商行2012年银行卡支付创新表彰视频大会上作经验交流；在扬州地区农商行系统第一家发行圆鼎联名卡"江都圆鼎市民卡"；在扬州地区农商行系统第一家实现"助农取款POS机"在所有行政村和社区街道全覆盖安装。

2013年度，江都农商行在全省电子银行考核排名7名，江苏省联社电子银行考核优胜单位。

分管科技工作以来，我遵循以完善机制、强化科技安全防范的工作宗旨，加快科技建设，加大资金投入，加快全辖区业务电子信息化、办公自动化、操作规范化进程。一是先

大方之道 · 为人之道 成长之道

后完善和补充各项管理制度，对科技工作的发展规划进行全面细化和落实；二是进一步规范电子设备、科技档案的管理，明确了科技人员的岗位职责，做到有章可循，职责明确，有效防范了制度管理风险，确保计算机安全运行无事故；三是完成了代理财政集中支付业务和非税业务、代收电费、代收水费、代兑付淮江路红利、代开国（地）税发票等中间业务的上线运行。

为了加强企业文化建设，丰富员工业余生活，2010 年 8 月份，成立了江都农商行艺术团，由我出任艺术团团长，团员都是本行的员工，组建了声乐队、器乐队、语言队和舞蹈队。然而，团队虽然组建了，但作为银行工作人员在文艺表演方面几乎都是"小白"，如何才能在短时间内排练出一台完整的节目呢？首先，要解决的是老师的问题，由于大家在艺术表演方面都是外行，必须要有专业的人指导才行，几经打听，我们聘请了扬州大学艺术学院的 4 位专业老师。其次，要解决的是排练、工作两不误的问题，为了不影响正常上班，排练都是安排在休息日或节假日，为了确保排练纪律，每次的排练我都是全程在场。最后，是在节目的编排上，为了突出银行工作特点，我们结合行业特色、地方特色，融入江都农商行在平时工作中涌现出的好人好事和出现的一些不良现象编排了一台由合唱、舞蹈、器乐合奏、小品相声、木偶剧等在内的整台节目。节目紧贴农村商业银行服务对象，以多种形式集中展现了江都农商行工作中的典型人物、典型事件，在全行营造了浓厚的文化发展氛围，有效增强了全行队伍的凝聚力。节目都排练好了，最关键的是如何通过艺术团的宣传把江都农商行的企业形象展示给全区的老百姓。于是，在这之后的每年春季，表演队在全区13个乡镇轮流开展"送金融知识下乡"大型演出活动，以江都人民喜闻乐见的地方戏"扬剧"宣传金融知识，生动的表演让各乡镇百姓赞不绝口，老百姓在观看演出的同时也学到了相关的金融知识。

江都农商行艺术团舞蹈《太阳花》(该图摄于2011年国庆联欢会)

2011年11月江都撤市设区，进入了融入扬州主城的新时代，一个扬州东部新城市中心正在加速崛起，这也给江都农商行的发展带来了新的契机。

作为分管前台营销的领导，2012年2月11日，我在全行工作会议上作了题为《坚定发展信心，推进转型升级，实现2012年市场营销工作新突破》的讲话，结合本地、本行实际和分管条线工作，对2012年全行市场营销工作提出了狠抓组织资金工作，强势推进信贷普惠，全行齐推电子银行三条指导意见。

这一时期，让我特别难忘的是：作为分管领导，我全程参与了江都农村商业银行国际业务部的筹建：总经理的人员选择、部门架构的设置、材料的申报、人行的资料初审、验收直至批准成立。

2012年9月10日经总行研究决定筹建国际业务部。在国际业务部筹建的近两年时间里，在银监局、外管局等主管部门的悉心指导下，国际业务部培养了一批年轻的专业人才，建立了一支高水准的国际业务团队，并成功上线了国际结算系统、SWIFT系统、江苏省联社国际结算系统，取得了省银监局开办外汇业务批复和省外汇管理局开办结售汇业务资格，成为中国外汇交易中心正式会员，圆满完成了国际业务各项筹建工作。我凭借多年公关具备的能力，和大家一同努力，顺利通过了省银监局和省外汇管理局的批准，比扬州农商行提前了一年时间成立。

国际业务对于农商行来说，是全新的、陌生的。农商行当时现有内部人员中，没有人能够胜任国际业务部负责人这一岗位，只有通过"人才引进"这一渠道。原工行扬州分行国际业务部的胡晓惠进入了我们的视野。

第一次和胡晓惠见面是跟章政远董事长、人力资源部老总一起在一家简餐厅，算是我们引进专业人员的"面试"，我的任务主要是对胡晓惠的职业素养和专业水平进行一个简单测试，通过交谈总体感觉胡晓惠的业务水平还是很不错的，同时我也觉得女下属今后沟通起来会比较顺畅些。

在随后的工作中，因为她是外调进入江都农商行，对我没有一点了解，我就直截了当地告诉她：我这个人快言快语，也希望别人在汇报工作的时候，要简洁明了。我这人生活是生活，工作就是工作，工作上不得有半点马虎。当时，我感觉自己好像太过严肃了一些，便笑着说了一句：我们都是女同志，以后下乡、出差，会比较方便。诚然，胡晓惠能放弃国有银行的"金饭碗"，到农商行来捧"铁饭碗"的精神也很是让我钦佩！

可能是由于我第一次和她交谈时说了些比较严肃的话，胡晓惠第一次到我办公室时居然是让她女儿陪着她来的，经过一番交谈，她女儿突然笑眯眯地对我说："阿姨，我怎么觉得你不像我妈说的那么凶啊？"孩子的一句话，让我明白了为什么胡晓惠让她女儿陪着来，胡晓惠也涨红了脸。后来的相处，无论是工作上的接触，还是生活上的来往，我们一直都处得不错。

这一年，地处丁沟的扬泰机场刚建成不久。闲谈中，胡晓惠说她还没去过扬泰机场，我立马承诺有机会便带她去。时处国际业务部筹备阶段，我带着她去基层了解相关客户对于国际业务的需求情况，其间，正好要去丁沟一家企业，工作结束回程时，我便让司机顺便到机场转了一圈。她开心地说：当时我以为您就是随便一说，原来您一直放在心里。

与胡晓惠相处的这些年，工作上免不了会有些摩擦，但更多的是真诚相待和温暖彼此，工作上相互支持和帮助，生活上相互关心和照顾。或许是因为她的缘故，我牵头成立了"优雅女人小分会"，时常举办各种活动，品尝江都美食，结识江都朋友，偶尔晚了，我会安排车把她安全送回家，或者给她安排好住宿的地方，让她时时处处感受到江都农商行的

该图摄于2014年江都农商行国际业务部成立新闻发布会

温暖。

2014年11月18日，江都农商行国际业务部正式成立。成立当天，总行举行了隆重的仪式：邀请了扬州银监分局领导，扬州人行、江都人行领导，企业代表35家，并邀请了扬州电视台、江都电视台、《江都日报》社等本区域主流媒体前来参加，并给予宣传报道。在国际业务部开业之初，面对无客户无竞争力的困境，我在支行考核中为"国际业务"争取到了宝贵的6分，使得各网点行长的营销热情高涨，国际业务得以迅速发展，也为未来几年国际业务的开展打下了坚实的基础。

作为江都农村商业银行妇女委员会主任，我一直恪尽职守，关心妇女员工的工作、学习和生活。

2010年7月的一天，一位女员工的父亲在徐州出了车祸，大腿骨折。由于110急救中心就近将其父送至徐州市第三人民医院，导致其父只得在徐州接受手术。得到消息后，这位女员工心乱如麻，不知道如何是好。徐州距离江都300多公里，当时她的老公虽有驾照但从未开过如此远的距离，她又纠结于自驾是否安全，她很想立即奔赴父亲身边以尽孝道。我听说后立即安排了一辆车，送她们全家去徐州并关照好相关细节，这才让这位女员工在焦躁之中渐渐安定下来。

临近春节的一个早晨，忽闻某支行一位女职工夫妇二人因煤气中毒双双殒命，我立即代表行里前去慰问。面对冷冷清清的家，放假在家的小孩，我问小孩春节如何安排？过年的新衣服是否购买？小孩孤苦无助的模样，让我心疼得禁不住流下了眼泪。随即，我带着小孩在当地的镇上吃了个午饭。一回到江都，我就自己掏钱安排徐洁和朱敏到江都商城为小孩子购置新年衣服、鞋子。春节前，我再次带队去看望小孩，送上单位的温暖和我的关爱。后来，小孩大学毕业、寻找工作，直至他成家、结婚、生子，我都一直和小孩保持着经常的联系，源源不断地送上他缺失的母爱和关怀。这里，也衷心地感谢一下我的一些企业家朋友，感谢你们给予了小孩实实在在的帮助。

2010年我获得了江都市"三八"红旗手称号；

2012年3月扬州市江都区人民政府授予我2006—2010年度扬州市江都区实施妇女儿童发展规划先进个人荣誉称号；

2012年11月1日扬州市人力资源和社会保障局、扬州市妇女联合会、扬州市公务员局授予我扬州市"三八"红旗手荣誉称号。

务实的工作中，我适时地对过往的工作做出总结：2012年3月写了题为《创新服务，信贷给力，支持小微企业健康发展》的总结报告。在报告中，详细介绍了江都农商行在信贷工作方面的创新举措，如为解决小微企业担保难题，筹建了信用中心，为解决贷款难题推出了信贷普惠工程，为提升服务效率提出了"行商"服务模式，变以往的"坐等客来"为"为客而行"。号召全行发扬老农信人背包下乡、走村入户的优良传统。同时充分发挥我行人多、点多的优势，登门入户、入社区，扫商铺，进企业，攻大户，把农商行的品牌、业务、产品和服务面对面地推广给广大客户。总行经营管理层积极主动地承担起包片支行各项业务拓展的关联责任，指导支行多揽存款，放好贷款，推广产品，提升服务。对于基层做不了、做不好的，比如重点客户的公关、中间业务的拓展，我得知信息后会主动与总行相关职能部门，争取利用总行的资源帮助支行在业务拓展上寻求新的突破。

2012年4月至8月间，通过走访辖内所有网点，在掌握第一手资料的基础上，撰写了《关于"如何建立长效信贷普惠工作责任体系"的调研报告》。

深入基层调研（该图摄于2012年丁沟支行工作调研）

报告从江都农商行当时正在推广的"信贷普惠工程"中暴露的问题入手，指出了如下几点实际问题：

一是农户建档面与工作目标差距大，当时制定的目标是农户建档面达20%，而实际只完成了13.36%；二是农户贷款户数在持续下降；三是农户经济档案质量参差不齐，客户的分类不准、档案内容不全、数据相互矛盾；四是客户经理包括支行行长对信贷普惠工作重视程度不够，搞形式、走过场现象较为严重；五是行内的工作激励措施不完善；六是信贷网络构建不健全，纵向方面市场运营部与支行未能按要求正常交流联系，横向方面支行与分工区域的村组干部、镇管干部、在外经济能人的联系机制未能明确和建立；七是工作计划性不强，考核流于形式，虽然制订了计划，但执行不力；八是监评工作浮于表面，未真正体现出监评效果。一方面挂钩经理需应付日常的事务性工作，参与挂钩支行普惠工作的时间少；另一方面，市场部区域经理虽然加强了对支行的督查，提出了相关的建议和要求，但由于职责等方面的原因，难以引起支行重视。

针对上述问题，结合银监会实施的"三项工程"（富民惠农金融创新工程、金融服务进村入社区工程和阳光信贷工程），围绕"长效"和"责任"，按照"挖资源、调结构、创效益"的宗旨，我在报告中也提出了建立江都农商行信贷普惠工程长效机制的实施方案。

一、强化领导、加大宣传

总行成立信贷普惠工作领导小组，总行领导班子为领导小组成员，下设小组办公室，设在市场运营部。各支行成立以行长为组长的信贷普惠工作领导小组，成员由副行长、客户经理组成，支行当家行长是本单位信贷普惠工作的第一责任人。同时，总行与各机关部门正副经理、基层支行负责人签订信贷普惠责任书，再由各支行与副行长、客户经理签订信贷普惠责任书，形成一级抓一级、一级对一级负责的责任机制。

在对内明确领导，落实责任制的同时，对外要加大宣传力度。一是通过《江都农商行报》、江都农商行门户网站、电视、短信、宣传海报等载体，以"开门办银行、阳光放贷款"为主题，不断提高信贷普惠宣传频率，让更多的客户了解农商行、了解农商行的金融产品与服务、了解农商行的业务流程。二是以"送金融知识下乡"为主题，各支行按月在各村"村村通"服务点设立信贷普惠宣传台，通过散发宣传手册、现场讲解、示范等方式重点宣传我行的信贷政策、金融产品和服务的特点、具体操作方法等。

二、树立典型、推磨营销

总行将按片区，选择4家农村支行和1家城区支行作为信贷普惠样板支行，从建立沟通联系机制、筛选排查、入户调查建档、签约放款，到定期回访，形成一个全面的、系统性的信贷普惠运作流程，塑造一个样板典型，分片行长组织分工支行到样板支行进行学习。确定达标时间、质量要求。以实际操作和效果引领本区域内各家支行信贷普惠实施。

总行在下一步的信贷普惠推广过程上，创新推进方式：通过划分片区，以集镇支行为中心，集中周边支行的客户经理，明确期限，制订计划，划分小组，明确职责，对某个支行的信贷普惠集中进行筛选、调查和回访，并在本区域内逐支行进行集中营销的推进。

三、明确目标、落实计划

按照信贷普惠标准化、流程化、产品化和品牌化的要求，用3年时间对全辖农户进行走访、调查、建档和回访，实现本地区农村市场的营销全覆盖，农户建档面要达全辖农户的60%，每年建档户数不低于20%，目标客户回访率达100%。为实现这一系列目标，总行拟定了以下推广计划：

（1）总行每年年初制定当年信贷普惠工作计划及当年信贷普惠重点工作要求。

（2）各支行在每年1月末前制定和上报本单位当年信贷普惠工作计划，包含但不限于以下内容：信贷普惠工作时间安排、调查和回访任务的分解、入户时间的安排、走访人员的组合，调查和回访的内容、进度、质量，农户信息档案数据更新时间、内容，信贷普惠考核措施等。

（3）提高工作效率，明确放贷时间。为确保信贷普惠工作的时间，日常信贷工作利用零散时间处理，做好与客户的预约工作，减少客户等待时间。在走访过程中，要把贷款催收、贷前调查、贷后检查、签约等日常性事务工作一并完成。明确每周放贷时间，一周最多安排两天，放贷时间向客户公布。除必要放贷及日常管理工作外，客户经理深入村组走访客户，每周走访时间不得少于3个工作日。

四、坚持回访、构建网络

信贷普惠工作中，对客户的回访相当重要，既可以进一步加强与客户的联系，又便于及时掌握客户信息的变化。对于回访工作提出以下几点要求：

（1）各支行信贷普惠目标客户筛选、入户调查、内部评议、授信、档案管理、维护回访等工作按照相关标准执行。

（2）各支行每年20%建档面工作必须在当年10月底前保质保量完成，农户建档数量以上传至总行的电子档为准。每年12月底前必须对已确定的所有存量客户、目标客户、潜在客户按照相关文件要求100%回访。

（3）各支行对上报的农户信息档案及时动态更新，确保年末农户信息档案的准确。

（4）各机关部门经理、基层支行行长每年必须参与完成挂钩支行一个村信贷普惠入户调查、回访工作。

五、强化考核、完善制度

（1）将信贷普惠工作纳入到总行绩效考核体系，赋予一定分值，以绩效引领信贷普惠工作长期化。从建档面、建档质量、贷款户净增、贷款净增量等方面进行综合评价，同时保证信贷普惠工作一定的考核权重。

（2）实施尽职免责管理办法和呆账累积办法，明确尽职的条件，界定的时限，免除的责任，解决客户经理惧放、惜放小额农户贷款的现象，在界定为尽职后，免除客户经理的清收责任，消除客户经理的后顾之忧。同时建立信贷人员尽职激励机制，设定风险控制目标，促进客户经理全面履行其岗位职责赋予的各项要求，真正贴近客户，了解客户的真实信用状况，确定合适的授信额度。此外，总行配置专项费用资源，保障信贷普惠推广工作。

（3）区别设置信贷普惠贷款和普通贷款的利率上浮幅度；通过灵活的定价，构建核心客户集群；将我行存贷联动利率优惠自动化，即自动测算存贷比、自动调整利率，做到既扩大贷款面，又让农户享受到利率定价的优惠，抢回体外循环的民间融资市场。

六、严格监督、逐级考评

信贷普惠监评工作按照一级管一级的原则，强化对不同人员的监评和履职考核：

（1）总行高管层：在长效信贷普惠工作责任体系中，突出总行高管层的核心推动作用。高管层要高度重视对挂钩经理和支行行长的长效普惠工作的监督。高管有权对工作不力的挂钩经理和支行行长问责，并将问责结果和处理意见与季度循环赛、年度评先、职务竞聘等建立联系机制。要求高管每季对分工区域各家支行至少督查一次，未达到巡查频率和质量的，高层考核时予以扣分。

（2）挂钩经理：挂钩经理将挂钩支行的信贷普惠工作作为挂钩的重点内容之一，对支行的普惠工作开展情况负责，接受总行监评与考核。指导、监评工作应长期化，有权对工作不力的支行行长、客户经理提出处罚建议。

（3）支行行长：按照总行信贷普惠工作长期规划，制定适合本行的、能满足要求的具体工作计划，督促客户经理的普惠工作推进，有权对工作效果差的客户经理提出处罚意见。建立以回访为工作核心的事后检查机制。

（4）客户经理：按总行规划、支行计划，分步实施信贷普惠调查、建档、回访等基础工作。每年按总行要求，按质保量地完成建档和回访任务。加强对信贷业务知识、营销技巧、沟通技能、操作技能等的学习，合理安排工作时间，提高工作效率，做到时间服从工作。

七、创新营销、业务联动

按照"三大工程"中富民惠民金融创新工程要求，支行在信贷普惠调查过程中要及时收集金融需求信息，并向总行职能部门反馈。总行职能部门要按风险管控要求，结合客户需求"量体裁衣"，有针对性地开发符合本区域经济特点、多样化有特色的农户、商户、小微企业新型金融产品和金融服务方式，着重在产品创新、担保方式创新、业务流程创新、服务渠道创新方面下功夫。支行在走访、调查、宣传时向客户重点推荐我行存贷利率挂钩优惠贷款、亲情保证、农户产业链贷款等新型金融产品，以及资金信用互助中心担保方式和即将推出的农村集体土地承包经营权、林权抵押贷款。用专业化的经营、特色化的产品、差异化的服务、精细化的管理赢得客户认可。在营销信贷业务的同时，注意加强业务的联动营销，在吸收存款、拓展中间业务等方面也要吸引客户，从而与广大农户、小微企业建立起稳定的、多方面的合作关系，为扩大市场份额创造了有利条件。

八、加大监测、通报预警

在推广过程中，在追求"量足"的同时，还要注重"质优"。要建立贷款动态监测制度，对客户生产经营、资金使用等情况进行监测，定期分析风险，将贷款管理责任层层落实到岗位、人头，严格考核；同时要建立贷款违约信息（及异常情况）通报机制，充分利用总行内部网络，及时通报各支行辖区内客户的异常情况及可能产生贷款违约的信息，对于违约情节较严重的，要利用人民银行的征信系统对违约客户进行违约信息录入，定期通报公示。

九、资源统筹、优化配置

总行进一步优化网点布局，不断加大对城区支行和农村支行人员的管理，统筹协调，适当加强农村支行的人力资源保障；根据支行所在区域的经济环境、行业特点、客户经理人员业务素质、信贷业务状况，合理配置的业务开办、客户经理人员。同时，不断提高一线员工，特别是客户经理的业务素质，强化客户经理队伍建设。

在对人力资源进行调配的同时，总行强化对信息资源的优化和共享。目前信贷普惠工程中，客户档案的电子化进程偏慢，基层更多的精力被投放于纸质档案的收集整理，导致了农户经济档案不能较好地积累、传承、时效、分享。在总行层面上，缺乏对农户经济档案的有效归集、全行共享。建立由信贷管理部牵头，市场营销部、信息科技部配合的机制，加大信贷普惠工程的电子化系统建设，实现农户经济档案的集中化管理，使得电子档案内容完整、更新及时、便于分享、易于传承。通过系统化建设，实现信贷普惠档案信息与 OA 系统、客户信息系统、信贷管理系统的信息互通，使支行行长、客户经理们能及时把握工作进展情况，每天上班打开系统就知道未来有哪些客户贷款到期、有哪些目标客户需要今天拜访、有哪些潜在客户需要联系、有哪些资料需要更新、有哪些存量客户需要回访等。

工作虽忙，但对于学习我丝毫不敢松懈。2010年，银行从业资格考试5门全部通过；2012年参加江都农商行和靖江农商行联合举办的台湾大学金融业务培训班，培训使我印象深刻：一是当时我国台湾银行业已基本实现了利率市场化，存贷利差只有1.2%～1.5%，这给了当时享受着至少3%政策红利的我们很大震撼，也使我们对利率市场化有了一个初步的了解；另一个是关于商业银行全面风险管理的理念，当时我们经营过程中更多关注的贷款方面的风险，对于流动性风险、利率风险、操作风险等相关风险不太关注，也没有将各种风险的管理职能进行整合；我国台湾某银行首席风险官的一堂课，让我们更加深刻地了解了全面风险管理对银行经营的重要性，同时第一次接触到手机具有进行支付功能的新业务。

同心同行同学习（该图摄于2012年台湾大学）

　　工作中除了成绩，也有失误之处，特别是我分管的条线基本都是前台业务部门，直接与客户接触，一丝一毫的松懈都容易造成损失。2012年发生了一起案件：7月份，仙女支行在信贷法律风险排查和经营风险排查自查工作中，发现江苏某公司法定代表人李某某因涉嫌其他经济案件被仪征警方拘捕，在采取相关诉前财产保全过程中，才发现该公司抵押给我行的上海房地产为虚假抵押，实为李某某以假证骗贷700万元。经查，仙女支行在向该公司贷款发放过程中，办理抵押登记未能全程跟踪，被客户钻了空子，造成虚假抵押。这一案件影响巨大，后果比较严重，经江苏省联社提议，江都农商行党委对董事长予以行政警告处分并扣除一年延期支付薪酬、行长行政警告处分并扣除两年延期支付薪酬、对包括本人在内的两名分管信贷的副行长给予行政记过处分并扣除两年延期支付薪酬。一年处分期结束后，本人的处分于2013年12月25日解除。

处分之初，我并不是十分理解，作为分管前台的领导，平时的各类会议上我总是强调员工职业操守的重要性和操作风险的防范，特别是"制度大于人情"的重要性和必要性。此次，由于某个客户经理的操作不规范造成的问题，一直处分到总行高管，并且既有行政处罚又有经济处罚。

我认为我是分管前台营销部门的，而以上案件的根源是办理抵押登记时出了问题，并不在前台营销环节。对于处分我确实有点想不通，但是经过一段时间的冷静，还是值得反思的：随着市场经济的不断发展，会出现更多意想不到的新情况、新问题，为了获取更多的资金，犯罪分子时常会不择手段。有工作的热情、一定的领导能力、业务能力等还远远不够，特别是要时刻紧绷一根弦，防范多种形式的经济犯罪。这一案件，让我刻骨铭心。

春潮澎湃处，扬帆奋进时。2013年的阳春三月，总行党委决定让我分管市场营运部、电子银行部和国际业务部这三个前台部门。因为之前有过分管前台的工作经验，我的工作方法就是6个字"脑勤、脚勤、口勤"，我的工作主题就是9个字"跑市场、访客户、拓业务"。

客户在哪里？怎么才能精准地找到客户？作为营销前台的行长，我不能让员工盲目地去找客户。于是我想到了两个关键部门：经信委和工商局。那时，每年年初我想方设法到经信委打听今年政府招商引资项目，到工商部门寻找预注册企业名录。有了这些客户资源，我们营销就有了方向和目标。

客户要什么？怎么才能发现和挖掘客户的需求？平时经常与客户保持联系，将客户当作朋友一样相处，打消客户的防备心理。在与客户交往中，我主要是通过不经意交流和观察及时捕捉客户经营中需求，比如客户想扩大生产、需要资金囤货等，这时我们就会及时跟进，主动向客户伸出合作之手，推荐适宜的金融产品。

分管前台的那几年，除非总行或上级部门有会议，一般情况下我是不会待在办公室的。虽然办公室冬暖夏凉，喝喝茶、看看报，一天一天也就会这么过去了，但我坚信"当干部就要有担当，有多大的担当才能干多大的事业，尽多大的责任才会有多大的成就"。我对分管的部门人员常说的一句话是：跑市场、跑市场，市场是用自己的双脚跑出来，不是坐在办公室等来的。

犹记得某企业申请贷款未获审批，作为前台的分管行长，我亲自了解了贷审会相关意见，带着意见到企业一一核实，调查核实后发现企业确有还贷能力，便指导支行再次提交有针对性的报告，逐一向贷审会答疑解惑，最终得到贷审会的认可，这样既不负企业对我行的信任，也如实反映了情况，实现了我行信贷服务的落地和深化。

经验分享：

做营销，首先，要练就一种缜密的思维，才能想得全、想得细、想得深；其次，要练就一双"慧眼"，才能看得清、看得透、看得远；最后，还要练就一双"铁脚板"，才能走得正、走得实、走得久。

2013年3月，我撰写了《利率市场化对我国中小商业银行的影响与对策》，分析了利率市场化给中小商业银行带来的影响以及应对策略。

利率作为借贷资金的价格，本质上反映货币市场的供求关系。我国利率市场化是从1993年首次提出基本设想的，大致经过了以下几个阶段：

第一，银行同业拆借利率市场化。1996年以前，我国本币利率基本上是政府管制利率。只是在1986年年初时，央行曾允许各金融机构在基准法定贷款利率上适当上浮。

第二，贴现利率的市场化。在银行同业拆借利率市场化改革取得初步成效后，我国在国债发行上也采用市场化利率进行对外发行和回购，并于1998年逐步生成贴现利率和再贴现利率机制。与此同时，金融机构贷款利率进一步放松，在1999年开展了中小企业贷款利率的浮动幅度调整改革。

第三，针对外币贷款利率的市场化改革。在2000年，我国放开了外币利率的政府管制措施。并再次调整商业银行贷款利率的浮动区间。

第四，上限放开、下限浮动的市场化试点。自2004年始，金融机构人民币贷款利率基本上过渡到以上限放开，下限浮动的市场化阶段。

第五，稳步推进发展阶段。随着经济发展方式的转变，国家在大力支持金融事业发展的同时，决定进一步稳步推进利率的市场化改革。现在改革的重点和难点将是商业银行的存贷款利率的完全市场化问题。

然而，利率也是一把双刃剑，利率的市场化给中小商业银行经营带来挑战的同时，也促其不断提升自身的经营管理水平和应对风险的能力。结合自己多年的工作实践和思考，我在文中也提出了中小商业银行面对利率市场化的几点应对策略：

第一，建立集约化经营管理模式。中小商业银行由于自身天然的原因，资金少、规模小、营业网点不多、客户总数相对不足等，这都要求它们在发展的过程中，不断地适应环境的变化。总体上来说，为了应对即将到来的因利率市场化带来的经营成本提高，中小商业银行必须在做到机构进一步整合，信贷结构进一步优化的基础上，优化增量、盘活存量，以此提高自身经济效益。另外，中小商业银行应着力于实现业务处理的专业化、流程化、集中化管理，真正实现管理与经营紧密结合，使银行的决策管理部门能与市场融合，对市场的变化及时采取应对措施。结合中小商业银行组织人员少的特点，完全可以做到集中综合授信、集中综合审贷，并且做到自上而下的内部监督。

第二，进一步强化风险管理机制。利率市场化后，市场利率波动更加频繁，中小商业银行对市场的依赖也将进一步增大。因而，进一步加强资金的风险管理尤其重要。中小商业银行应该根据客户给自身带来的收益情况，加上信用风险、期限长短、市场风险以及资金成本和运营成本来综合考虑金融产品的定价。建立相对客观的客户盈利分析模型，针对不同的客户具体确定其存贷款利率水平。要完善风险评价和控制体系，及时准确评估利率市场化带来的各种风险，如业务创新过程产生的新业务风险，市场变动引起的市场风险等，并通过风险控制体系及时控制和化解风险。在加强风险管理的同时，不断提高自身经营效率，巩固市场竞争地位。

第三，提高业务创新水平和产品开发能力。实行利率市场化后，伴随着存贷利差的缩小，中小商业银行的传统业务必然进入微利时代。想在激烈的市场竞争环境中生存下来，摆在中小商业银行面前的迫切任务就是创新。只有不断地创新金融产品和服务，进一步开拓中间业务和表外业务，尤其是增加高附加值的投资银行业务，才是中小商业银行发展的必由之路。同时，在开办新业务的前提下，建立业务"推出机制"，实行推陈出新，做到"有所为有所不为"。从发达国家的经验来看，随着利率市场化机制的建立，都把眼光盯在了中间业务和表外业务上。据有关数据显示，在发达经济体国家，表外业务收入占它们总收入的比重正日益提高。

此外，尽快完善中小商业银行的内部治理结构，尤其是内控机制的形成。应努力做到保证内部的决策、执行、监督系统的相互分离和制约，改变目前中小商业银行少数董事等内部人控制全局的状况。合理的公司法人治理结构是健全内控体系的前提，而目前在我国大多数中小商业银行当中，都或多或少存在内部治理结构上的问题。这些中小商业银行的管理人员同时拥有决策、执行、内部监督权力，这必将大大削弱内控效果和效力。因此，通过股份制改革，走上市之路，是尽快完善中小商业银行内部治理结构的有效途径。

也是在2013年，随着金融业竞争的加剧，经营管理要求的提高，仍在营销前台的我，结合自己工作所经历的，遇到问题所思考的，从同行那里所学习的等多方面的实践与理论，撰写了《中小商业银行发展问题研究》，文中阐述了当前中小商业银行发展面临的主要问题以及下一步发展的思考：

其一，中小商业银行宜选择求异型为主、跟随型为辅的定位战略。中小商业银行要想在急剧变化的市场环境中取得竞争优势，一定要实事求是地分析研究本银行的优劣势，选择一个符合其实际的恰当战略。当前要重点研究如何应对国有独资商业银行的挑战。我国的中小商业银行由于金融资源的有限性和专门技术资源的短缺性，各方面差别较大，选择战略也不应相同。从地理区域、客户、产品和服务这四个方面结合起来，选择战略大体划分成两类：一类是覆盖这四个方面的多元化战略，另一类则把重心放在上述四个方面的一个专门领域中的多种因素上。笔者个人倾向后者。因为我们面对强者无法"攻"其全面，只能"攻"其一点。唯有这样才是中小商业银行的发展出路。招商银行的"一卡通"业务可以证明这一点。

其二，联合是解决中小商业银行发展瓶颈的有效选择。随着外部环境的变化及银行自身问题的积累，中小商业银行的量性和质性成长遇到了瓶颈。因此在目前情况下，中小商业银行可采用联合取得更大发展。一是几家中小商业银行合并，不仅规模经营能力和抗御风险的能力大大增强，而且通过合并还可以精简机构，精简人力及设施，从而降低管理成本和营销成本。二是利用经验曲线效应，提高经营管理水平。即通过并购在获得原有银行各种资产的同时，还获得了其他银行的经营管理经验，从而提高经营管理水平。三是新技术在商业银行发展中起着越来越重要的作用，商业银行在成本、质量、服务、品种上的竞争往往转化为高新技术上的竞争，通过并购可以优势互补。四是引入国外资本参股，这既是资金引进，也是管理经验、科技与人才的引进。日本原有的二十多家银行自1999年以来已先后归并成为五大金融集团，在这五大金融集团中，除了三井住友银行外，其余皆采取金融控股公司的整合模式，从资产总规模排名来看，皆位居全球金融机构的前五位，竞争能力得到极大提高，日本银行走联合发展之路有可鉴之处。

其三，在人力资源管理方面要有重大突破。现代金融学被誉为管理科学领域中的"火箭科学"，现代金融业被比作当代西方经济管理中的"航天工业"。要经营好一个企业需要四大资源，即人力资源、经济资源、物质资源和信息资源，其中最主要的是人力资源。谁拥有了一流的人力资源开发和管理机制，谁就会创造一流的业绩，就会在竞争中稳操胜券。目前，中小商业银行在干部管理机制上突出要解决的问题：一是改革各级行长任免办法，各级行长应具有对同级副职的任免权。各级行长有权对同级副职提出任免意见交上级审批，改变目前同级副职由上级行考核任免的办法。只有这样才能真正体现行长负责制。二是完善教育培训体系，抓两个核心问题：第一，教材。教材要体现"三性"，即系统性，教材不要临时拼凑；超前性，教材要保持国内甚至国际领先水平；完整性，不仅有业务操作技能、管理技能方面的知识，还要有观念、思想、职业道德方面的内容。第二，方法。方法要体现理论与实践相结合，短期与中长期相结合。既要进行课堂式教育，也要坚持挂职锻炼；既要搞好实用人才的短期培训，也要抓好高级管理人才的中长期培养与储备。

其四，从战略的高度选择混业经营之路。从国际金融业发展的主流来看，绝大多数国家都推行的是银行、证券、保险、租赁、信托混合经营的管理体制。混业经营之所以成为国际金融业发展的必由之路，究其根本原因，是现代信息技术发展推动了货币市场化、资本市场化和利率市场化，金融的空间概念大大模糊，分业经营已无法满足金融业投资主体对利润追求的最大化冲动。目前，部分发达国家传统资产负债业务获利水平已降至银行收益的50%左右，而新生的混合业务、表外业务、中间业务盈利水平已提升到30%～70%。而我国金融业混业经营迟早要在法律上解禁，这对中小商业银行来说，盈利方向将会发生重大转变：银行将会更多地参与证券、保险、租赁、信托等金融业务。因此，中小商业银行高层管理者对此必须具有前瞻意识，在业务发展战略上进行战略超前准备，加大业务结构调整的力度。同时，急需储备组建一支精通证券、信托、保险、租赁、理财、咨询、评估等新型业务的高素质人才，为日后的混业经营做准备，实现专家经营、专家管理、专家治行。

其五，大力推行全行系统的大营销战略。中小商业银行应在明确其市场定位的基础上，整合内部资源，推行全行系统的大营销战略。现行的按银行自身条块设置安排资源的做法，已经不能适应现代竞争的需要，必须进行改革。首先，应改变资源配置方式，建立以客户为中心的考核评价体系，根据客户对银行的贡献水平配置相应的资源。其次，全面推行客户经理制，根据对客户的考核结果安排不同级别和数量的客户经理，对客户经理实行严格的利润指标管理。最后，大营销战略必须是总分行联动，以总行开发为主，分行营销为辅，形成全国系统的整体联动，构造系统大客户，这对网点、人员偏少的中小商业银行尤为重要。

其六，强化无机构业务扩张。传统银行的竞争力主要在于资产规模、机构网点、地理位置等，但网络银行的低成本与个性化的服务能力，使银行的核心竞争力发生转移，从而改变传统银行依靠营业网点的扩张方式。因此，网络银行将为中小商业银行赢得竞争优势。中小商业银行要斥巨资发展虚拟银行，力求在这一方面超过国有独资商业银行，通过发展网络银行，充分利用IT优势，实现无网点业务扩张，通过利用设计的软件系统，使客户在办公室进行查询、转账、资金交易等业务，在网上也可以享受这些服务，从而进一步突破业务的地域限制。这是中小商业银行扬长避短，与国有独资商业银行竞争的重要手段之一。

其七，正确处理稳健、发展、效益之间的关系。当前，中小商业银行面临着激烈的竞争，任何安于现状、不求进取的想法都不利于中小商业银行的发展。但加快发展必须坚持以依法合规、加强管理、防范风险为前提。从目前实际看，中小商业银行发展中值得关注的不是发展的动力不足，而是发展中的冲动，往往因渴求发展而忽视稳健的问题。所以我们中小商业银行一定要处理好发展、效益与稳健三者关系。一是决不以一时的发展、效益为代价而破坏稳健的基础。发展是建立在稳健发展上的发展，效益是建立在稳健基础上的效益，是实实在在的增长速度，是一种长期的、可持续的发展。办银行一年好不算好，两年三年好也不算好，只有年年好才算好。二是决不以牺牲合规合法经营来换取一时的发展和效益，发展要行之有道，效益要取之有道。依法合规经营既是发展的需要，也是保护干部的需要。三是坚持实事求是原则，量力而行，做力所能及之事，不片面追求速度，不搞高指标，不盲目追风，脚踏实地干工作。这样才算是走高质量的发展之路。

是年 6 月，为落实年初与江都建工局所签战略合作协议精神，进一步开拓市场，挖掘信贷营销新亮点，由我带队，江都农商行一行 5 人与建工局领导、信诚担保公司领导等 3 人组成联合调查小组，赴西宁、银川实地走访江都建筑业在外能人。通过调查、交流，对两地江都籍建筑客商及其业务发展情况有了比较全面的了解，写下了《赴西宁、银川走访建筑业客户情况汇报》。在西宁、银川走访期间，我们举办了产品推介会，推介结束后与客户进行座谈，了解客户需求，分发产品宣传资料，收集联系电话，初步商定各自走访时间。通过客户介绍、核查账簿、查看工地等形式，对选定的 25 户目标客户开展调查走访。总结了这些客户信贷需求的特点：

一是大多数客户已渡过了创业的最困难时期，资本的原始积累已经完成，自有资金相对比较充裕，在当地基本没有贷款，完成现有工程主要依靠自有资金。

二是江都客户在西宁、银川承接的主要是政府及大型国企工程，受益于西部大开发及国家财政补贴因素，所接工程一般有预付款，且能按工程进度按时付款，垫付资金相对较少，资金压力不大，贷款需求不太迫切。

三是部分客户虽然现时没有贷款需求，但对我行授信很感兴趣，均希望能获得一定的授信额度，为今后的业务发展开辟新的融资渠道，提供可靠的资金保障。

四是除部分资金实力较强的客户能提供有效资产抵押外，多数客户无法提供用信所需的担保。

经过调查、评议，我们对西宁、银川客户初步落实的授信1.88亿元，为总行下一步拓展信贷业务做了必要的前期准备。

　　2013年4月江苏省联社在南京大学举办为期半年的农商行高管创新班，参加人员基本是各农商行经营层的负责人，大家通过本次培训，对当时农商行所面临的机遇和挑战进行了探讨，交流了各地的先进经验和做法，并对农商行下一步的管理创新、产品创新等进行了充分的研究分析。

　　2013年8月份江苏省联社培训班尚未结束，为了加强业务交流，我组织信贷管理部、市场运营部、金融市场部等部门的负责人到东海农商行进行学习交流。双方就信贷业务的开展、富余资金的营运进行了深入的交流与探讨，针对信贷管理及金融市场方面的一些具体做法和下一步工作计划做了分享，取得了良好的效果。此次交流进一步加强了与兄弟单位之间的业务交流与合作，与会人员都表示受益匪浅。

互话情谊（该图摄于2016年）

这一年的9月，也就是培训班结束的那个月。9月17日，常规身体检查发现了我乳腺有问题。9月26日，我住进了上海肿瘤医院，进一步检查确诊的结果在9月30日下午出来。当时我们焦急地在病房等待结果，当看到主治医生表情严肃地走进病房，"行长，结果出来了！"我强忍着、笑着对医生说："我知道啦，肯定是恶性肿瘤。"医生惊讶地看着我说"你咋知道的？"，我说："看您的表情我就知道啦！"送走医生，我转头一看陪我来的家人和胡晓惠都流眼泪了，我装着一副无所谓的样子，对他们说，"我们从扬州大老远到上海来进一步确诊时，不就有这个思想准备啦，干嘛哭呢？再说现在医学如此发达，我坚信我没事的！"

　　因为国庆放假，医院同意我9月30日先回家，10月6日再回到医院。正好我哥嫂要回扬州过节，那天，我和胡晓惠便坐我哥的车回到了扬州。尽管去上海时就有了思想准备，但是真的拿到报告时心里还是很难受的，一路上大家的心情都比较沉闷，我不想让他们过分难受，还故意跟他们找些话题聊天，即使这样我哥在快到江都时才发现经常回家的路竟然走错了。到家之前我们兄妹商量好先不将我的实际病情告诉父母，因此到家吃饭时我们还得装着若无其事地一家人坐在一起热热闹闹地吃饭。

　　吃完饭回到家后，我再也控制不住自己的感情，把自己一个人关在房间里痛痛快快地大哭了一场，这样发泄后，心情再也没有那么沮丧了，反而安慰自己：所幸上苍眷顾我，我只是得了这种能治愈的癌症，兴许老天是在用这种方式提醒我该放慢脚步了！该调整生活方式了！

国庆期间，同事们听说我回来了，纷纷到家里来看我，看到我乐呵呵的样子都以为我还是跟2009年的那次乳腺良性肿瘤手术一样，听到我说这次手术方案时，他们才相信我真的得了大家听到就害怕的癌症。

其实有些事就这么简单，一旦自己想明白了心里自然就放下了。我一直信奉的原则就是："宁可哭着对自己，也要笑着对别人"。也许这就是我，大大方方的我，勇敢坚强的我。

10月8日手术很成功。手术后躺在病床上，工作停了下来，我这才想到：这么多年来，我最没有善待的是自己。人到中年，上有父母，下有子女，中有兄弟姐妹，当他们来到病床前看望我时，我的心里满是愧疚：这许多年，一心放在工作上，我可能是一个好领导、好同事、好员工，但我不是一个好女儿、好妻子、好母亲、好姐妹。想到这些的那一刻，我告诉自己：我必须好起来！事实上，面对病魔我有过绝望和悲伤，我知道沮丧和哭泣都无济于事，所以没几天我便开始调整自己的状态，结果以常人无法想象的毅力，勇敢地挺了过来！

当然，能挺过来，离不开家人的支持和关心。常言道：一个成功的男人背后一定有位贤内助，一个成功的女人背后也一定有坚强后盾。我算不上成功，但我的先生一定可以称得上是我的"坚强后盾"。无论是我刚刚从丁沟调到江都的时候，还是我做了中层干部以及高管以来，他都甘当绿叶，心甘情愿地为我和家庭付出，无论是教育子女，还是赡养老人，让我无任何的后顾之忧。可以说，我是站在他肩膀上乘风破浪。感谢有这么一个默默包容与陪伴的丈夫，他给予我精神动力和无私帮助，为我和孩子构建了一个幸福温馨的家。

幸福之家

还想说说我的儿子。还记得1990年我函授大专毕业，到南京大学参加毕业典礼时，拍的那张照片吗？照片中那个襁褓中的婴儿如今也已成家立业，并在2021年年初当上了父亲。也许是受我的影响，儿子从小就立志也要做一名金融工作者。2010年，通过江苏省联社统一招聘考试，他也成为江都农商行一名员工。

工作之初，我对他说："如今你工作了，就是一个大人了，以后的路要靠自己去走。作为新同志，到单位以后一定要不怕苦、多做事。不懂就问、不会就学；既要学规定，又要练技能，一定要争取尽早达到独立上岗的要求。总的来说，一定要做到清清白白做人，踏踏实实做事"。后来，从他的工作表现可以看出，他是把我的话记在心间了。为了锻炼他，他被分配到全辖最忙的网点——邵伯支行做柜员，一年后调到城区小贷中心，后又调整到城东支行做公司类客户经理，2014年借用到扬州银监局一年多，2015年到金融市场部，先后取得本币、外币交易员资格。2016年年底参加竞聘到花荡支行任行长助理。2019年4月任工农路支行行长。

这十年来，他从工作之初的一名柜员，到公司客户经理，到金融市场部一名交易员，到行长助理，再到支行行长。

在他刚做支行行长时，我又与他进行了一次深谈，把我的处世信条"当官不为民做主，不如回家卖红薯"送给他，告诉他支行行长是一份责任、一份担当。我还对他提出了几点要求：

一是要以身作则，做好表率。作为支行行长，自身首先要正，带头遵守法律法规和规章制度。要求别人做的，自己首先要做到；要求别人不能做的，自己坚决不做，这是作为团队领导必须要做到的。

二是要讲究公平正义。不管是谁，都要一视同仁。要以工作表现的好坏作为评价员工的主要标准。要多了解你的下属，掌握他们的优点和不足，要充分调动他们的工作积极性，把支行的各项工作任务完成好。

三是要能容人，会用人。要有容人之量，要能够包容下属的缺点和不足，要对下属进行正确的教育和引导，督促他们改正和提高。

四是要遵纪守法，不出问题。面对各种诱惑，作为支行行长，要加强个人素质修养，做到不踏红线、不越底线。同时还要加强对支行人员的管理监督，抓好警示教育和日常行为排查，排除风险隐患。

他为了支行的一笔笔业务努力着，为了大家的一份份业绩奋斗着，为了展现更好的自己拼搏着。在创造较好业绩的同时，他还加强自己的文化学习，2020年12月他获得了南京大学电子与通信工程专业的硕士专业学位证书。

在他的身上，我仿佛又看到了当年的我。

活力四射的江都农商行人
（该图为工农路支行庆祝江都农商行成立10周年留影）

2013年11月6日，根据本人身体状况及实际工作需要，总行对我的分管进行了调整：由我分管信息科技部、电子银行部、国际业务部和人力资源部。2014年年初，我只休息了三个月时间，就正式回到了工作岗位。更多的时候，我根本就没把自己当作病人，同事们也忘记了我是个病人。

时逢农商行开展商务转型工作。为了推进商务转型工作的有序开展，加快构建经营管理新模式，努力打造专业化、特色化、社区化的现代农村商业银行，经总行研究决定，成立江都农村商业银行商务转型领导小组、工作小组以及项目实施小组。为确保商务转型扎实推进，取得实效，成立了七个商务转型项目实施小组。

作为领导小组成员，我担任信息系统与金融创新项目实施小组组长。由信息科技部牵头，遵循"统一框架、两级平台、集中为主、兼顾特色"的IT系统组织方式，组织推进信息科技工作向集约化、规范化、自动化、精细化的方向转型。同时，我担任组织架构及人力资源项目实施小组副组长。由人力资源部牵头，打造符合全行价值导向的人力资源管理体系。

2014年10月19日至11月5日，我参加了江苏省联社组织的由高管成员组成的赴美国考察学习团。开始我是心存"旅游"的想法出发的，随着培训的深入、课程的推进，我越发觉得行有所得，收获颇丰。

北京时间10月19日我们从上海浦东机场出发，飞行10个小时后，于当地时间10月19日上午到达美国旧金山机场。美国之行第一站是旧金山，为了倒时差，一出机场，组织者就安排我们参观了加州大学旧金山分校、旧金山大桥、旧金山艺术馆，没有片刻休息，感觉真的很难受。记得10月19日是现任海门农商行黄建新董事长的生日，当天晚上，大家为他举办了异国生日晚宴，气氛很是热闹，似乎忘记了白天倒时差的痛苦。

第二天就开始高强度的学习，每天上午、下午学习，中午休息时间很短，一块三明治算是午餐。其间发生了几件趣事：一是由于美国不提供热水，而大家都习惯喝热水，第一天上课，不约而同地带了两个水壶到教室烧水，第二天却一个人都没有带水壶，导致一天都没有喝到热水。二是现任江都农商行尚修国董事长带了煎饼和虾皮，大家在车上吃煎饼裹虾皮的感觉比吃三明治还香。

这次培训的课程安排得比较充足，包括美国银行业现状及发展、监管部门对银行的监管、商业银行的经营模式、利率市场化的应对以及中小银行的风险控制等方面，分别实地参观学习了富国银行、甲骨文安全结算中心、美国银行、CIT集团、芝加哥信用合作社、花旗银行芝加哥分行等。

一开始只有少数人（因为同行的人中有2013年南京大学培训班的同学）知道我是个病人。当时我出院刚满一年，身体尚在恢复中，生活上有好多事项还需注意，特别是饮食上还有一些禁忌。我以前也是喝点酒的，当不知道我生病的同志叫我喝酒，其他人阻止时，大家才知道我是个癌症病人，有好几个人还是不相信，因为他们从我身上看不到病人的影子。在他们眼中我就是个乐观向上的乐天派，哪像个病人！这一路上，大家给予了我特别多的关照，特别是我们"小二组"的几位同学（小二组组长：黄建新，组员：任昱、刘刚、李纪荣、吉洪彬和我）对我处处关心，我的行李箱基本都是他们帮我拿，我成了他们的重点保护人员，在此，我特别感谢大家！

快乐之旅（该图摄于2013年美国纽约）

回来之后，我将此行的心得体会，写成了题为《将"以客户为中心"进行到底——美国金融机构参观学习有感》一文。文章全文刊载于2015年第一期《江都金融》，后在江都人行举办的"金融支持新型农业经营主体与实体经济发展"主题征文活动中，被人行江都金融学会评为三等奖。

文章如下：

将"以客户为中心"进行到底——美国金融机构参观学习有感

一、自知常明找准定位，自信常在寻求发展。本次考察学习之一的美国安快银行，其发展历程和经验就值得我们学习和借鉴。安快银行原本是一家普通的银行，但它突破传统银行模式、不断创新，1994年转型时仅有6家分行，如今遍布华盛顿州、俄勒冈州、加利福尼亚州、内华达州和爱达荷州，分行多达数百家，并有计划增设更多的网点。社区银行的定位已使其成为全美顶级零售银行之一。20年来，它借鉴酒店、零售业的服务模式，从环境设计到流程设置，从顾客关系到内部管理，一切都紧紧围绕着以顾客为中心来展开。

将来很长的一个时期内，我国大银行与中小银行并存、农商行等中小银行占有一定市场份额的情况不会发生根本变化。在与大银行竞争中，一味追求规模上的扩张，可能会引起诸多的问题：管理层次增加、管理费用上升，信息反馈缓慢，对当地市场的控制力降低、丧失地区优势，快速扩张造成资产质量下降等。尺有所短，寸有所长，大银行力有不逮处，小银行却能游刃有余，农商行自身就具有独特的优势和生存空间。农商行规模小、服务地域与对象明确、软信息处理能力强、决策灵活、管理层次少，更适合提供分散型的金融零售业务。若是再采取适当的经营策略，提升内部管理水平，农商行当能持续获得相对较高的利润。所以我们要有自知之明，不要盲目求大，同时也无须悲观，要自信常在。

农商行，能否取得良好持续的发展，其关键也就在于能否根据市场差异寻求自身独特的发展空间，进行合理的市场定位，从而避免与国有银行、大型股份制银行在常规市场进行恶性竞争。我国不仅有大中型企业，还有大量的小型企业、小商业生产者，广袤的农村区域中还有数量众多的专业户、个体与私营工商业主、家庭联产承包户、农产品经纪人、家庭农场、乡镇小企业。市场的差异化也需要多层次、不同规模的金融机构提供个性化的服务。

目前，大中型企业可以通过国有银行、股票市场、债券市场等相关渠道获得资金，而中小企业融资却非常困难，尤其是非国有部门的中小企业。前不久出台的《国务院办公厅关于多措并举着力缓解企业融资成本高问题的指导意见》，明确将解决好企业特别是小微企业融资成本高问题，作为稳增长、促改革、调结构、惠民生的重要举措。银监会在《关于完善和创新小微企业贷款服务，提高小微企业金融服务水平的通知》中进一步提出要着重解决"贷款期限与小微企业生产经营周期不匹配问题"。上述的文件精神于问题指出的同时也说明了相关业务还存在着很大一块可拓展的空间。

我国各地经济发展很不平衡，具有很强的区域特征，当地的中小银行，特别是农商行应该要求自己比大银行更精准地把握当地的经济特点，对当地企业的经营情况也应更加熟悉，只有这样，农商行才能寻求并占有属于自身的发展空间。

二、以客户为中心，调整组织架构。目前，很大一部分农商行的组织架构还处于以职能或产品为中心阶段。支行网点负责盈亏，对他们而言，有多少收入及利润来自于哪些客户群尚未做作出过细致的梳理。各部门的服务是区分而孤立的，对公部门只做对公业务、对私部门只做对私业务，国际部只做国际业务，没有形成一揽子服务的理念。客观实际中，客户的需求是多方面的，这就要求银行的服务必须体系化，而不是让客户分散地去找不同的部门。因此，银行的组织框架、服务体系要着手改变，唯有如此，才能真正实现"以客户为中心"这一愿景。

随着我国金融市场的不断发展，"以客户为本，提供卓越的客户体验"成为许多银行的服务口号。而要成为真正有致的以客户为中心的组织，则需要将以产品为中心的心态转换为以客户为中心的心态，在深入了解每位客户、每个客户群当前需求和新需求的基础上，通过差异化方式向客户提供服务，这也意味着从高层管理人员到前台人员要逐级贯彻这一理念。

作为以客户为中心的组织架构，农商行高层管理人员首先需要区分统计各具特点的目标客户群，然后根据这些客户群设计相应的组织架构。对于以客户为中心的组织而言，矩阵式架构并非必需，复杂性可能也因此得到大幅度地降低，这也正顺应了现代中国企业对组织架构的要求，即简单而灵活。

三、围绕便捷客户，打造服务流程。打造流程银行是近几年在商业银行中比较流行的说法。一部分商业银行真正进行流程设计时，较多地考虑了风险控制和内部流畅，考虑客户体验的比重很小，由此需要客户在流程的不同节点参与进来，结果出现了客户拿着材料在基层与总行间往返、客户到各个部门审批的情况。作为一个很好的以客户为中心的商业银行，提供给客户的应该是首问负责制、一站式服务。材料的传递和报批是银行内部流程，不应该由客户参与。

我们在进行流程设计时，要处处体现"客户至上"和"客户便利"的宗旨，缩短端对端的服务时间，提高服务质量，降低服务成本。在服务中通过运用短流程，严格削减过多的动作、过繁的审批、过长的等待等造成的种种人力、物力的浪费。为客户提供全方位的服务过程中，需要积极调动银行自身的各方面资源，各部门之间必须通力合作，加强沟通，时时刻刻彰显团队精神。

四、围绕客户感受，改善网点布局。传统银行给人的印象是高柜台和厚玻璃，员工与客户隔着小窗口进行凭证和现金的传递，通过对讲机进行交谈。目前的农商行也大多沿袭这一传统，我们要围绕客户感受，迅速着手改善网点内的传统布局。

这次美国之行，美国安快银行营业厅的布局给我留下了深刻印象。他们向擅长店内陈列和服务的美国零售巨头诺德斯特龙百货店学习：大理石砌成的高大圆柱不见了，取而代之的是舒适而时尚的开放空间，店堂内有专区供人们读报，有电脑区供人们上网，店堂内还煮着喷香的咖啡供人们免费饮用，银行职员不再一本正经地坐待顾客，而是在店内来回走动，并不时与顾客亲切交谈，所有的办公桌椅、灯、地砖、墙面甚至整体外观所营造的氛围，都让人觉得更像在一个社区中心休闲，而不是在银行办理业务。

任何令人愉悦的完美服务，无不依赖于和谐顺畅的沟通交流。面对防弹玻璃封闭的银行柜台，一种压抑和不适的感觉便会油然而生。由于防弹玻璃良好的屏蔽作用，对于专业名词和选项的解释和确认，柜台人员往往需要多次重复，才能使客户听清、理解，而客户未必有足够的耐心和精力为此来耗费，这样既降低工作效率、延长受理时间，又极有可能导致误解的产生，轻则重新填写单据、情绪低落，重则纠纷投诉不断，利益受到损害。再加上隔着玻璃喊话式的交谈或对讲机的"广播"常常使客户的细节资料在大厅内回荡，极易被无关人员获知，造成客户信息的不安全。国际银行业通行多年的做法是敞开式柜台，尽管同样面临遭遇抢劫的风险，国外银行业却执着于对敞开式柜台的偏爱，这一选择充分反映出中外银行业间对于"以人为本""以客户为中心"理念诚意的反差。

五、围绕客户需求，创新金融产品。根据客户的需要设计产品，这里面相当一部分有赖于创新。如果没有创新的产品来支撑，客户就会有"哪家银行都一样"的感觉。农商行不围绕客户需求创新产品，彰显个性，就不能留住现有的优质客户，更不必说吸引更多的优质客户。当前的银行需要巩固与最佳客户的关系，同时有选择性地获取新的优质客户，从而提高业务量、增加盈利。相对于在市场中不断争夺新客户，银行对现有客户进行交叉销售、拓展销售时，其客户获得成本更低（约为新客户成本的1/3），增加了客户黏性，提高了客户贡献度，自然也增加了银行收益。

随着市场变化，客户会有些新的要求，农商行唯有根据客户需求的变化，不断推出自己的新产品，来满足客户需要。有此基础，银行的一些服务性收费，也就不会造成客户的抱怨，而成为一种当然。相反，要是没有让客户满意的产品，一味地提出这个卡要收年费，那个账户也要收费，那么客户便会难以接受。老百姓对银行收费时有不满的现象，就是因为银行的综合服务水平有问题，银行的产品没有真正意义上满足客户的需要。

银行的产品开发不是银行自身的需要，而是为满足客户的需要。西方商业银行根据客户分类和不同客户的特点，以"量身定做"的方式开发适合不同客户群需要的产品，强调产品开发不能从银行自身发展出发，而要从客户需要出发，以期更好地满足客户需要。西方银行一般都致力于成为客户的关系银行，相应地客户就成为银行的关系客户。关系银行是客户的首选银行，与客户有密切的联系，可保证一个银行甚至一个分支机构就能满足客户绝大部分甚至所有的金融服务需求。为此银行都大力加强产品开发，努力为客户提供全方位、多品种和"一站式"的金融服务。近年来，世界各大商业银行都在大力发展电话银行中心、网上银行、电视银行等电子银行体系，为客户提供随时随地的银行服务。

六、围绕服务客户，实行客户经理制。从以产品为中心转向以客户为中心以来，西方各大银行普遍推行了客户经理制。客户经理作为联系银行与客户的重要桥梁，为客户提供全方位的服务。客户对银行的各种金融产品需求不必再找银行的各个产品部门，而是通过客户经理就可以全部得到办理。银行也不再像过去那样由各个产品部门直接面对客户，且因为各个部门之间缺乏必要的联系与沟通，很难对客户做总体的分析与把握。实行客户经理制以后可以更好地对客户进行整体的把握，实行统一的客户战略。

几年前，农商行普遍将原来的信贷员更名为了客户经理，然而大多是换汤不换药。思维的定势，不仅体现在信贷员本身，而且体现在原有的相关条线部门。负责市场营销的部门总是以存贷款等传统业务为主，电子银行、国际业务、理财业务各自为战，不能形成合力。客户经理的任务究竟是什么？！通过参观学习，使我们更加明白：客户经理，应该联系银行与客户之间的各种关系；作为客户的策略及财务参谋；研究分析客户的需要并提出解决的办法；协调和争取银行的各项资源（即产品）；及时解决客户的需要；了解竞争银行的客户策略及时提出对策、建议；通过管理、服务客户为银行赚取合理的回报。

七、围绕服务客户，强化员工的培训和理念的提升。整个的员工训练、素质，业务服务体系、服务的目标和服务的技巧都要进行严格地、不断地培训，这些方面国内银行普遍欠缺。不改变这种情况，银行很难建成真正的客户关系管理系统。目前对客户关系管理的认识大多停留在技术层面上的探讨，着力点更多的是强调客户关系管理在实施上的技术问题，很少有人把注意力放到其背后的非技术因素上，真正从业务层面去剖析实现银行客户关系管理的关键所在。事实上，以客户为中心的客户关系管理的建立，不是简单地买一个软件就能解决的，根本取决于银行的管理宗旨、服务理念等理性认识是否真正转变！

农商行要想真正实现"以客户为中心"的差别化经营，必须牢牢抓住服务，在服务的内涵上，包括服务品种、服务理念、服务关系、服务水准，以及对市场的反应、竞争能力等方面下功夫，充分发挥自身决策链的优势，跟其他银行拉开差距，立足于"做小、做散"。

自知，要求我们扬长避短，自信，带给我们前行的力量，避开金融行业竞争的同质化，将"以客户为中心"进行到底，农商行必将能开辟出属于自己的一方蓝天。

16天的参观学习，美国金融业广泛的业务范围、高度的市场化、资金融通的国际化、金融管理制度的健全、规范化的程度都让我们很有触动，深感当前中国金融业，特别是中小金融机构的不足，同时也明确了发展的目标，通过互相讨论也找到了方向。这次考察，真学习、真讨论、真借鉴、真落地，真心希望以后江苏省联社要经常组织类似的活动。

美国之行，结识了许多兄弟行的优秀领导，归来后我们在工作上也是经常交流，取长补短。2015年5月，我带领我行信贷管理部、风险管理部、基层支行等单位负责人到东海农商行进行交流，双方针对"如何提升普惠金融服务乡村的能力以及不良贷款的管理"做了重点交流，通过深入探讨，取长补短，互促互利，双方增进了了解，加强了联系。

因美国学习而结缘，我们既是同行，也成了好友。平时节假日我们也常常小聚。

老友欢聚（该图摄于2015年扬州）

富有激情、雷厉风行是我在工作中一贯的作风，我分管全行前台营销部门的那几年，勇于拼搏、敢于挑战，面对扑朔迷离的市场状况和激烈的同业竞争环境，我攻坚克难、迎难而上，无论部委办局、乡镇领导、企业老总，有业务往成处谈，有感情彼此珍惜，每每到企业，我都有理有节、不卑不亢。前台营销的各项工作，我有布置、有落实、有督查、有考核；工作状态激情满满，每件事都能想一件、干一件、成一件，每年都能超额完成总行下达的各项目标任务。

热心助人，乐于助人是我生活中一贯的风格。每逢开学季和逢年过节时，我总是很忙碌，为同事和朋友的小孩能够顺利就读到心仪的好学校，一次次奔波协调，为社会上贫困留守儿童送去诚挚的关爱，为单位大病困难员工送去真切的关怀。这也是我除了业务工作之外，最最忙碌，最最开心的日子。

也许是经历过疾病的洗礼，我倍加珍惜自己的身体，因此我组织成立了"江都农商行爱跑人"团队，利用周末时间进行一些健步活动，足迹涉江都的朴园、邵伯湖，扬州的茱

生命在于运动（该图摄于2016年）

莫湾等地，展示了农商行人积极向上、挑战自我的精神风貌，由于我们活动开展得有声有色，还吸引了我们的客户和员工家属参加。

苦不入心，生命自有芳华。人生好似一场考验，任何通向成功的道路上都布满了荆棘，充满了数不清的艰难与困苦、辛酸与煎熬。若想变得更加勇敢，更加坚强，反倒需要依靠苦难来给我们的心灵淬淬火，加点钢。只有经得起考验的人才能体验到生命的价值，才能最终绽放生命的芳华。

（三）迈步从头越

——担当是肩头之上的皓月星辰

　　有人说，中国人的做人智慧就像铜钱——内方外圆。在分管前台时，展现更多的是圆的一面，而到了后台，在担任单位纪委书记时，突显更多的是方的本质。秉持"敢于监督是一种对事业、对同志的真正关爱"的理念，通过创新监督手段，开展合规内控评价，完善反腐倡廉制度建设……为单位创建一个风清气正、干事创业的工作氛围。

　　2015年7月24日，江苏江都农村商业银行第二届监事会第十一次会议审议通过，任命我为江苏江都农村商业银行股份有限公司监事会监事长。8月31日，总行决定由我担任纪委书记，主持纪委全面工作，负责纪律检查。是年，由我负责牵头成立了江苏江都农村商业银行纪律审查委员会。

　　作为监事长，我着重提升监事会履职能力，以"注重监督、加强配合、当好参谋、推动发展"为指导，为全行合规经营和科学发展保驾护航。

　　一是正确处理好监督与被监督的关系。严格按照"三长"分设、"三权"分离的要求开展工作，同决策层、经营管理层团结一心、共谋发展，又各司其职、相互制衡，做到工作上不缺位、不错位、不越位。日常工作坚持准则，不干预董事会、行长室的管理决策和经营活动，充分尊重董事会和行长室的决策权和经营管理权，提案或质询通过正当渠道评价工作，实事求是提出建议。

二是对全行合规内控工作进行评价。通过召开座谈会、调阅相关材料等形式，开展了对全行合规内控的评价工作，撰写了合规内控评价报告并提交评价委员会和监事会进行审议，并反馈至董事会和经营层。

三是对董监事及经营层的履职评价工作，针对董监事尤其是外部董监事"履职评价难、履职意识弱"问题，监事会从创新履职评价方式入手，通过采取制定考核标准、完善评价环节等措施，有效地增强了董监事履职评价的科学性和真实性，董监事的履职意识得到了明显增强。

四是对总行经营层下设部门岗位职责执行及落地情况进行评价。对本行机关部门岗位职责执行情况进行了调查，成立了以监事长为组长，相关部室为成员的岗位责任执行情况评价小组。采取自评与互评相结合方式，坚持独立评价、达成共识、及时反馈等原则，有针对性进行评价。通过评价，找出各部门或岗位工作中的不足或问题，及时督促整改和完善经营管理中存在的问题，达到防范和规避经营风险，提高工作效率，促进本行各项业务的稳健发展。

作为纪委书记，多年从事金融行业工作的经验让我深知"打铁还需自身硬"。要求纪委的同事监督别人，首先自己要立得正、站得稳。不犯错误仅仅是个基础，更关键的是要不断地提升自身素质。特别是从事金融行业的，每天都在与金钱打交道、受诱惑、犯错误的概率比其他行业要高，我们要提前预判风险，提前把控风险点，提前制定应对措施，这样才能符合新时代的纪检工作要求。要坚定不移加强内控建设，加强监督约束，从严管行治行，真正做到"管住人、看住钱、筑牢制度防火墙"。

首先是建立健全反腐倡廉各项基本制度，强化党风廉政建设的监督和管理。出台了《江都农村商业银行2015年反腐倡廉建设工作意见》《中共江都农村商业银行委员会关于落实党风廉政建设党委主体责任和纪委监督责任的实施意见》、修订了《江都农村商业银行员工违规行为处理办法》等制度，同时与各单位签订了党风廉政建设责任状，与全体中层干部签订了廉政承诺书，与全行员工面签了从业行为承诺书和员工行为"十条禁令"承诺书，将党风廉政建设责任制分解落实到支行（部门）及责任人。此外还建立了党风廉政建设监督检查和考核问责体系，把党风廉政建设和反腐败工作纳入年度综合目标考核体系中，与业务经营工作同布置、同检查和同考核，推动了党风廉政建设工作的开展。

其次是开展"五个一"家庭廉政教育活动。一是根据区纪委、区妇联文件精神，下发了《关于开展"五个一"家庭廉政教育活动的通知》，要求各单位负责将家庭助廉倡议书发放到每位党员干部家属手中。二是与每位党员干部员工家属签订家庭助廉承诺书，并征集了一批家庭廉洁格言、廉洁家书。三是组织召开"贤内助"座谈会。为充分发挥家庭在推进廉政建设和预防腐败中的重要作用，进一步筑牢全行干部职工拒腐防变的家庭防线，纪委牵头召开了员工家属"贤内助"座谈会，倡导家属在工作八小时以外对本行员工进行有效的监督。其实早在2010年，江都农商行就在江都雄都饭店召开了全行所有干部职工的家属联谊会，参会家属超过500人，可以说是江都农商行历史上规模最大、参加人数最多的一次家属联谊会。

同时农商行纪委每季编辑一期《倡廉信息》，通过本系统OA网络下发，营造廉政文化的学习氛围。

最后是加大查案执纪力度，实行责任追究。找准工作定位，始终保持反腐倡廉的高压态势，重点查处因履职不到位、违规违纪发放贷款、参与民间高利贷、以权谋私、以贷谋私的违规行为，对重大违规行为进行立案调查，情况属实的严格按照要求，从严落实责任追究。通过多频次的检查和强有力的问责，震慑了违规违纪者，教育了全行员工，达到了"查处一案、监督一线、教育一片"的效果。

我从事过农商行的多个岗位，特别是分管信贷前台以后的经历，我深知作为战斗在一线的客户经理，特别是与千家万户打交道的零售类客户经理，面对着社会上的种种诱惑，必须要有一定的免疫力。作为经营风险的银行类机构，风险是难免的，但是出现道德风险是万万不可的。为此，2015年8月，我组织小微金融部全体客户经理，赴扬州预防腐败警示教育基地参观学习。全体人员参观了警示教育展厅，墙壁上的一篇篇简介拨开了历史云烟，先贤廉吏的感人事迹催人奋进，堕入歧途的悔恨剖析发人深省。让所有参观人员驻足的是还原探监情景的蜡像展示：玻璃隔断里的父亲悔不当初，玻璃隔断外的母女挥泪不已。很多客户经理看到这里都忍不住地感慨道："廉洁才是美好生活的真正守护神，诱惑、利益都只是过眼烟云。"影像教育室播放反腐大案，贪官堕落轨迹更是让所有的参观者唏嘘不已。

誓言在心（该图摄于2015年扬州警示教育基地）

　　作为银行工作人员要树立正确的人生观、世界观和价值观，筑牢思想道德防线，用实际行动树立江都农商行信贷人员"铁军"形象。归来之后的总结会议上，我对小微客户经理提出了"八要"的要求，即信念要坚定，学习要自觉，心态要健康，志趣要高雅，底线要守牢，欲望要节制，小节要注意，交友要慎重。全体小微客户经理结合自身实际，梳理思想感悟，记录心得感言，并在监察室主任张大勇带领下，宣读了廉政誓言。

　　是年12月，我邀请区纪委领导开展《中国共产党廉洁自律准则》(以下简称《准则》)、《中国共产党纪律处分条例》(以下简称《条例》)宣讲活动，全行中层及以上干部共计100余人参加了活动。

主题宣讲（该图为2015年邀请江都区纪委领导来行培训）

宣讲对《准则》《条例》的特点，改、增、删的内容及相关亮点、条款进行了深入的解读，让大家再次重温了"纪严于法、纪在法前"的理念，具有很强的指导性、针对性和启发性。大家一致认为要认真领会《准则》《条例》的精神实质，并落实到实际工作中。一是铭刻在心、落实在行；二是把纪律和规矩置于前沿；三是党员干部要牢固树立党章、党规、党纪意识，自觉在廉洁自律上追求高标准，在严守党纪上远离违纪红线，努力形成遵从制度、遵守制度、捍卫制度的良好风尚。

工作中我以反腐倡廉为重点，明确党风廉政建设责任。根据江苏省联社要求，进一步强化制度建设，规范"三重一大"事项。

2015年，我获得了江都区2015年度纪检监察工作先进个人表彰。

为了进一步提升江都农商行的行风建设，2016年3月，我牵头组织召开了新一届行风监督员会议，新聘任了15名行风监督员。同时还印制了"行风监督员工作手册"，通过相关工作法和表格，将监督的要求明确，将监督的内容量化，将监督的形式扩展，提高行风监督效率。

2016年4月，我组织中层干部及客户经理共计230余名赴南京监狱开展警示教育活动，通过实地体验，比较"高墙内外"的生活，观看服刑人员的现身说法，进一步增强廉洁从业意识，筑牢反腐倡廉防线。

在南京监狱的安排下，全体人员参观了监狱监房、江苏省纪委廉政教育基地、观看了两名服刑人员现身说法的警示教育片等。四周的高墙电网、行为受限制的空间、简单的生活条件，让全体人员直面"高墙一步遥，人生两重天"的剧变，真切感受自由的可贵、党纪国法的威慑力。两名服刑人员对失去自由的无比悔恨，对给国家、社会带来危害的深深忏悔，让所有在场人员的心灵受到了强烈的震撼，也告诫着

警钟长鸣（该图为2016年于南京监狱召开警示教育大会）

在场人员，一定要常思贪欲之害，常怀律己知心，常除非分之想，牢牢筑起思想道德防线，时刻保持警钟长鸣，始终保持清正廉洁。

此次活动是江都农商行进一步深化案防、拒腐防变工作中的一项重要活动，旨在通过直观、真切的现场教育，提高员工的思想政治素质，增强法律意识和案防意识，提高制度执行力，预防职务犯罪。大家纷纷表示，在今后的工作中要以此为鉴，加强学习，筑牢拒腐防变的防线，清白做人，干净做事，为自己的幸福人生和江都农商行的健康发展再做贡献。

2016年9月份，江苏省联社第二巡查督导组对我行开展巡查督导工作，抱着"虚心公听，言无逆逊，唯是之从"的心态，对巡查督导组和干部群众提出的意见和建议，我看作是又一次提升自己的机会，以便在今后更好地改进工作，更

大方之道
为人之道 成长之道

好地履行职责。

2016年11月，江苏省联社巡查虽已结束，但督导组还没有对我行进行巡查意见反馈时，我就退居二线了。

风渐平，浪渐静，奔波忙碌的日子渐行渐远，人生于此际，难免回顾，我也不例外。想到了20年前的行社分家之初，想到了联社营业部的成立之初，想到了我最初的走马上任。联社营业部起步维艰之时，我带领联社营业部一班人，同心同行，同甘共苦，努力向前！值得欣慰的是：开创了工作局面的同时，我们也锻炼了自己，成就了自己。

感慨良多之余，2015年10月，在联社营业部成立20周年之际，我写了一篇题为《营业部——永远为你坚守的家》的回忆文章，全文登载在内刊《江都农商行报》。

营业部——永远为你坚守的家

已是晚上九点多，从办公室向外望去，河对岸的新区已华灯初上，总行楼顶的霓虹灯映得院子里一片红光。略感疲惫的我准备回家，从书柜里取出几本书，想回家翻阅，不经意间，书中飘出一张老照片。一张老照片，让我的思绪回到了20年前，勾起了我20年来点点滴滴的回忆。

20年前，江都农村信用合作联社营业部开业了。这是一张开业当天全体员工的合影。略显陈旧的照片中，明媚的阳光照出了年轻员工们洋溢着的笑容，憧憬着的未来。

如今，江都农村信用合作联社已成功改制为江都农村商业银行。照片中的人，有的人离开了农商行，有的人已退休，还有的人已离开了人世。虽然照片上的人现在均已调离了营业部，但仍有在江都农商行这个大家庭的各个岗位上奉献着、坚守着的。从当年的风华正茂到今天的成熟稳重、两鬓斑白，从当年的一线员工到现在业务的业务骨干、中坚力量。我们一直在坚守，因为坚守，我们感悟着逆水行舟不进则退、众人拾柴火焰高的真正含义；因为坚守，我们体验了从一无所有到存贷款规模近500亿元的艰辛历程；因为坚守，我们分享着江都农商行成长历程中的幸福和快乐！

20年前，许多人也许还留有这样的记忆：客户走进银行，见到柜台里的工作人员都在仔细地低头算账，他们会小心翼翼地询问，得到准确的答复后，会自己寻找队伍排队办理业务。那个年代的银行，依然还很像是被束之高阁的钱柜子，普通客户除了储蓄、汇款，似乎对银行没有太多的奢望，对"银行服务"这样的词汇更是没什么概念。

20年后，经济迅速发展、技术不断革新，营业部也发生了巨大的变化：照片中窄小的门面变得宽敞气派；当初简单的结算服务已经被"客户经理""理财顾问""直接融资""投资银行"等新名词赋予了更多的意义；原先的柜台已逐步延伸到客户的桌面和手中。

从1995年成立至今，营业部已走过了20年的风雨历程。一个单位的20年足以让她风华正茂、意气风发，而20年对于为她付出所有的员工来说，那或许就是他们毕生的守候。1995年10月，怀着梦想、怀着对未来的美好憧憬，我从联社信贷科加入了筹建江都农信社营业部的队伍，就这样和营业部一起走过了20年的点滴岁月，占据了我职业生涯的一大半，乃至更久。更未想过，20年的青春与汗水，全部洒在运营条线，从营业部、计划财务科、信息科技部，到副行长、监事长，都与营业部有着千丝万缕的联系。

成立初期的营业部，既是充满活力、积极向上的战斗集体，又是一个温馨的家园。

这个"家"的大体布局是这样的：总面积160平方米左右，门朝西，东西约8米、南北约20米。最北边隔出一块作为营业部主任和客户经理的办公室，其余地方再分为东西两块区域，分别是营业外厅和营业内厅。外厅的最南端再隔出2个平方米，作为简易卫生间。这几块区域中，从工作角度出发，作用最大的是内外勤的办公区，那是创利中心。但是作为"家"来说，作用最大的当数营业外厅了，白天是营业厅，没有现在的豪华装修、高档的服务设施，但前来办理业务的客户络绎不绝。虽然没有现在的叫号机、休息区，但大家业务娴熟，总体秩序井然，每天各项工作均能画上圆满的句号。

偶尔下班后，不管是已成家的，还是没成家的，都先不回去，抬出一两张桌子、拿出锅碗瓢盆和灶头，营业外厅立刻变成了临时厨房和餐厅。厨艺好的，轮流掌勺；其他人，打打下手、布置桌子，总之分工明确、配合默契。不一会儿，丰盛的晚餐呈现眼前，自然是美餐一顿、其乐融融。此后，女士们负责打扫战场，男士们则转战至活动室（外勤办公室），开业时的先锋音响派上了用场，放上VCD碟片；唱得好的、不好的，都露上一手；不想唱歌的，四五个人一桌，聊聊天、斗个地主。活动结束，大部分人回家后，值班人员从储藏室拿出钢丝床，营业厅又变成了卧室。躺在小床上，三两个人再天南海北地聊上一会儿，等睡意渐浓，方才偃旗息鼓。第二天，精神饱满的我们，又笑迎八方来客，开始了崭新的一天。大家亲如兄弟姐妹，感受家的温馨温暖；班后共同探讨，解决工作中的难题。不知不觉，这种以行为家的生活，已过去了20年。

20年里，营业部所在地已变迁了两次，人员更是换了一茬又一茬，但服务的宗旨没有变，服务的手段更多更新了，服务的范围更广更深了。刚成立时的营业部，白手起家，存款贷款、结算业务都需要一笔一笔地去争取：储蓄存款怎么办？抓柜面服务，推出限时服务和首问负责制；抓营业环境，做到窗明几净。对公存款怎么办？推出延时服务，主动走访、上门收款。先走访部委办局，再走访对公大户，根据需求对部分客户提供上门收款的服务。虽然现在已不允许银行到企业收款，但那时的"江都城区小半日游"既稳定了客户，又创造了口碑。贷款怎么办？还是走访，先是周边企业，再是城区商户，逐户调查，问需求、送服务。现在的"访问送"和那时的做法是如此相似，都需要一步一个脚印艰难而坚定地走下去。

心服务、星标准，不仅仅是晨会呼喊的口号，更是我们传承的优良传统。柜面服务，也可以像信贷条线一样实施"阳光"工程，无论您何时进入营业厅，充满阳光的员工为您展现的都是一张张阳光的笑脸，提供的都是阳光般温暖的服务。

现在正值全行上下进行商务转型的攻坚时期，促转型、求发展，是我们既定的方向。随着存款保险制度的推出以及利率市场化的不断推进，和大中型商业银行相比，农村中小金融机构的竞争力逐步减弱。如果仅仅停留在比价格上面，那我们将岌岌可危。我们必须用完美的服务品质和丰富的金融产品来征服客户。

"家"是温暖的地方，也是可以遮风挡雨的地方。家还有多重意义，既有员工之间的关爱之心，又有员工对单位的归属之感，"家"和了，日子才会蒸蒸日上。

将老照片小心地收好，关了灯，透过窗户，院子里似乎更红了，天空中繁星闪烁，明天又是新的一天，又是一个阳光普照的日子，我仿佛看到正午的阳光正洒在我们这个大家庭里，洒在我们每个农商行人的身上，因为我们是一家人。

再回首 重欢聚（该图摄于2015年营业部成立20周年之际）

20年后的2015年初秋，在我的精心组织下，我们营业部的原班人员聚会于泰州溱湖国家湿地公园。回首青春的律动，遥望逝去的岁月，大家为再次的相会激动不已。20年前的美好时光是那么令人难忘，我们泛舟湖上，回忆着过往的点点滴滴：或深情交流，或攀肩倾诉，或嬉笑打闹。20年前的一幕幕温情画面，由于这次相会变得格外生动、格外温馨、格外记忆犹新。

作为单位领导，工作上我严肃认真、毫不留情。工作之余，我对女员工就像亲姐妹一样，关心她们，爱护她们，这也是我这个做"大姐"的义不容辞的责任。

2015年的单位常规体检，现任江苏江都农村商业银行零售营业部副总经理姚海琳，两次检查疑似甲状腺恶性肿瘤！她嘴上说无所谓，但是我知道她心理压力肯定还是大的！当我打电话询问病情时，能感觉得到她的孤独无助，感觉到她流下的眼泪。她告诉我准备在扬州手术，我当时就说：不行，必须去上海肿瘤医院再次确诊手术！她很为难，老老实实和我说，上海大医院她谁也不认识，费用应该也高。我立即回复：这些你都不用烦神，我来找朋友帮你安排好。

上海肿瘤医院挂号特别难，手术排队更难！很多病人手术要排队等大半年，通过协调，姚海琳检查确诊后仅仅半个月就接到上海肿瘤医院的手术通知！7月1日手术当天，除了她的家人就是我在陪着她，鼓励着她！我一直守在手术室门口，听到手术医生说一切顺利后才放心地离开。

我曾经也是个病人，但我乐观向上，我要用阳光的心态去感染每一个人。

人生感悟

1986年12月参加工作，至2016年11月退居二线，整整30年，就这么一晃就过去了。回过头来，再看看这30年的风风雨雨，有取得成绩时的喜悦，有业绩不好时的忧虑。经历了个人成长中的酸甜苦辣，也见证了农商行发展的一路艰辛。也许人生就是这样，有风有雨是常态，风雨无阻是心态，风雨兼程是状态。

五

重践初心

——卅载光阴弹指过，初心不忘再启航

再启航（该图摄于2017年新疆塔格拉干沙漠）

种下初心的种子，让我们不管走多远都心有归处。30载的风风雨雨，总有些工作经验想与人分享，想让后人少走弯路。这就是我，大方的我。授人以鱼，不如授人以渔。新疆之行，开启了我第二个"工作职场"，虽然辛苦，我还是会选择那滚烫的人生。

　　且回首，整装再出发。

　　一腔热情，30余年的奋斗，终于迎来了"退居二线"。

　　按照农商行规定：所有退居二线的高管不可在外兼职取薪。我退下来以后，拒绝了江都几家小贷公司的高薪聘请。

　　本想就此专心地做些自己喜爱的事：不定期地跟几个志趣相投的姐妹结伴去旅游，或者邀请几个要好的朋友时不时地共筑一回"长城"（注：打麻将），亦或窝在家里看看曾经想看而没时间看的小说。最初的几个月大致便是这样子度过，一开始觉得有一种突然很放松的舒服，久而久之，在短暂的新鲜感过去之后，习惯于忙碌的我开始觉得整天闲在家里无所事事很无聊。

　　此时，我曾经的老领导邀请我去他就职的公司（注：一私募基金公司）担任顾问，协助他做团队管理的工作。由于是曾经的老领导，又是多年关系较好的朋友，于是我欣然接受了他的邀请。到私募基金公司后，我才发现：私募基金公司和银行虽然都属于金融机构，但是内部管理、员工的职业素质及外部的监管等诸多方面，跟银行相比实在是相差太远。为了加强公司的内部管理、提升员工的业务素质，我要求公司所有从业人员必须具备基金从业资格。要求员工们参加并通过从业资格考试的难度可想而知，以我多年在银行工作的经验可知："打铁还得自身硬"，要求员工取得从业资格就得自己先带头，所以在要求他们报名参加考试的同时我自己也报了名。结果我以高分顺利通过了《基金业从业资格》的两门考试，通过考试的那一刻，连我自己也不敢相信，没想到我居然赶了个时髦，搞了一回跨界。

银行工作期间，也曾经到过国内、国外许多地方，但因为工作的缘故，基本上是来也匆匆、去也匆匆，没有能够好好欣赏一回自然的风光或人文的景观。那时候，想好好旅行

人生乐在相知心（该图摄于2017年桂林）

一回的念头也就是一闪即过。退居二线后的我有了充足的时间，自然有了结伴旅游的打算，和几个要好的姐妹一联系，大家竟然都有此意。于是立刻规划路线、制作攻略、着手出行。几年的时间我们去过越南，去过我国的广西桂林、新疆、广东深圳与汕头、山西太原、安徽、北京等地方。

旅游，是一种在辛苦和疲惫中寻找快乐和追求放松的过程。身处大自然，呼吸着清新的空气，欣赏着沿途的风景，真的好美！恰如人生，成功的喜悦，必定是经历过的人才可以分享。汗水和快乐是成正比的，之所以快乐，是因为我们曾经付出过、努力过。这一切也像爬山，重要的不是那结果，重要的是沿途美丽的风景和那于坎坷中行来的一路。

一次偶然的机会，让我感受到了国画的魅力。

闺蜜的企业办公大楼落成，大楼内部的二楼朝着正门的方向，是一阔大的墙壁。闺蜜想在这壁上挂一幅气势磅礴的国画，我碰巧有个熟人可以联系到江都国画老师戴正国先生。经过斟酌，确定请戴老师画一幅《旭日东升》图。

当装裱后的《旭日东升》图安装完成的那一刻，我被震撼到了！一进闺蜜的办公大楼正门，抬头看去：一轮红日喷薄而出，万里河山生机勃勃，显示出一派蒸蒸日上的景象。

我要学画画！这个想法从我的心底油然而生。

我是个雷厉风行的人！

当真是名师出"高徒"，在戴老师的悉心指导下，加上我自己的勤奋努力。零基础的我，两年多一点的时间，便画出了有模有样的"傲骨红梅"，还登在了家乡《江都日报》上。这样的成果，让我的闺蜜们佩服之至，羡慕不已。

张大芳　画

2019年11月《江都日报（国画）》

　　早在2008年，新疆维吾尔自治区农村信用联社曾选派部分县信用联社的高管来江苏挂职，来江都信用联社挂职的有三人，当时新疆且末联社的副主任许爱红（后来，我亲切地称她"红妹妹"）被安排到江都信用联社挂职学习半年。由于她和我都是女同志，沟通起来方便，联社领导便安排她跟着我一起工作。半年的时间匆匆，我们却成了很要好的姐妹。我们之间的感情没有随着时间的流逝而变淡，也没有随着距离的拉长而变薄，后来的她，无论在工作上还是生活中遇到任何困惑，都会第一时间打电话告诉我，我成了她工作上的"免费"参谋和生活上的贴心姐姐，当然，对此我也乐此不疲。

　　"红妹妹"2008年9月返回且末，2009年年初就直接升任了理事长，从一个副主任直接到理事长，对她而言那压力无疑是很大的。

　　别后"红妹妹"一直邀请我去新疆，一是想我去新疆走走看看，二是想我尽可能于工作上给予她一些更直接的帮

新疆且末联社交流学习（该图摄于2008年江都）

助。其时，确实由于身不由己，没有能够抽出时间来，直到2016年11月退二线后，才开始筹划这新疆之旅。

2017年8月，我带着几个姐妹一同开始了期盼已久的新疆之旅。

飞机从扬泰机场起飞，直达乌鲁木齐，再从乌鲁木齐飞往红妹妹工作、生活的地方——中国第二大县、美丽的玉都"且末"。维吾尔族同胞占70%。飞机在且末着陆，令我意外的是，除了我亲爱的红妹妹，竟然还见到了2008年曾与红妹妹一起在江都联社挂职的另外两人：新疆玛纳斯联社的李澍主任、现任新疆焉耆信用联社的宫爱国理事长。故友重逢，当真是喜出望外，好多年未聚，自然有说不完的过往，道不完的将来。这是红妹妹给我的惊喜，因为在见到他们之前红妹妹一直对我保密。

2018年，且末联社将改制工作列为工作重点，为了帮助红妹妹早日实现联社"翻牌"的愿望,我竭力帮助且末联社对外寻找"战投"。同年8月,我邀请无锡农商行的邵辉董事长及灌云农商行尚修国董事长到且末联社考察,后红妹妹也多次到无锡农商行、灌云农商行汇报交流相关工作情况,最终且末联社成功地与灌云农商行签订了《战略合作协议》,双方建立起了长期的战略合作关系。

为了进一步提高且末联社的经营管理水平,2019年2月,受红妹妹的再三邀请,我根据她的要求组织了几位退二线的农商行中层干部一起去且末联社进行业务辅导。他们都具有较强的管理水平和丰富的实操经验。

首先,我们通过全面审计,对且末联社的所有业务进行排查摸底,了解它的问题所在。

在审计的基础上,并结合新疆农信的业务操作系统及新疆农信的相关规定,对其业务操作流程进行梳理并重新制定了标准的业务操作流程。根据标准操作流程逐业务模板编制

新疆故友再相逢(该图摄于2017年新疆)

培训课件，手把手教他们员工如何进行规范的操作。

我们根据梳理的各项业务操作流程，并对且末联社员工分15个业务模块进行了13场培训、测试。同时，为了确保培训效果能真正落地，在离开且末之前，我们制定了切实可行的《且末联社提升业务管理、服务流程再培训、再检查督导工作方案》，明确由且末联社的相关部门负责人按照要求对基层社进行业务管理、服务流程进行再培训、再督导，并经且末联社同意对督导及问题整改工作制定了一套严厉的奖惩考核机制。

在且末联社，我们用了8个月的时间，以全面审计发现问题为切入点、以存在问题整改为中心、以业务规范和培训操作流程为抓手，最终且末联社员工的综合业务素质有了很大的提升。

后期，根据新疆维吾尔自治区农村信用联社的部署，且末联社以2019年9月30日为时点启动组建农村商业银行工

作，我们又以且末联社组建农村商业银行为契机，根据自治区联社的制度目录，结合且末联社的实际业务状况，用近一年的时间帮助且末联社进行制度修订、完善且汇编成册，最后形成16个分册，399项制度、办法汇编。

我们的辅导、培训及

业务培训（该图为2019年在新疆某联社培训）

制度的修订、完善工作，从且末联社到若羌联社，再到吐鲁番联社，收到了很好的反响。得到了新疆维吾尔自治区农村信用联社领导及巴州银监局领导的高度认可，并在一定层面上帮助我们进行了大力推广。从刚出校门时执意不做教师，到现在处处给人授课"好为人师"。应该是我跟命运开了个不小的"玩笑"吧。

通过对新疆几家联社的业务指导，我发现他们的经营理念、管理水平和江苏还是有着一定的差距。要想提升管理水平，提高防范风险和经营管理的能力，仅仅是梳理制度是不够的，需要首先解决的是人员理念和素质的问题。于是我结合新疆几家联社的情况，整理出了《银行从业人员职业道德与操守》《注重商务礼仪、塑造职业形象》《用心营销、步步为赢》《强化执行、打造狼性团队》等几个专题。特别是《注重商务礼仪、塑造职业形象》这门课，不只局限于金融系统，同时也给当地的企业、政府机关也进行了多场次培训。

礼仪培训（该图为2021年在新疆若羌税务局培训）

利他方能利己。我们是别人眼中的"他"，对别人来说的利他，对自己来说就是利己。一个人在其漫长的一生中所走的每一步，都已为明天埋下了伏笔。我们所做的每一件事，都如同我们撒下的一粒种子，在时光的滋润下，那些种子慢慢生根、发芽、抽枝、开花，最终结出属于自己的果实。正所谓"爱出者爱返，福往者福来"。

大方之道 · 为人之道 成长之道

154

绿叶对根的情意

——轻轻来去，落落大方

情怀依旧

光阴如白驹过隙，眨眼已是2021年6月，到了我正式退休的日子。

在职时，作为高管，我送过不少中层干部退休，也参加欢送过这几年退休的高管。但真的轮到自己，接到总行召开欢送会通知的那一刻，心中却难免有些伤感。

总行专门为我举办了很有仪式感的欢送仪式，行里邀请了曾经与我共过事的领导班子成员及我曾分管过的相关部门的负责人一起参加。

欢送会由尚修国董事长亲自主持，他说："张监事长1986年参加工作，从业35年，见证了农信社、农商行的成长和壮大，他们这一代人为我们江都农商行打下了坚实的基础，现在我们还在享受着他们的努力成果。我和张监事长相识于2013年江苏省联社南京大

张大芳同志：

光荣退休

江苏江都农村商业银行股份有限公司
二〇二一年六月

大方之道 · 为人之道　成长之道

学的培训班，当时她的直率给我留下了深刻的印象。机缘巧合，去年我来到了江都农商行工作。虽然她已退居二线，但在我与江都当地的政府部门及企业客户接触过程中，他们都对张监事长给予了很高的评价。希望在座的总行高管和部门负责人要学习张监事长勇于担当、尽职尽责、敢于创新的精神。

张监事长也是我多年的大姐，在此，我想对大姐说："虽然目前实行了退休人员的社会化管理，您的组织关系和行政关系都将归属地方管理，但是您的根还是在江都农商行，江都农商行永远是您的娘家，我们都是您的娘家人，希望您常回家看看。您作为老领导，要一如既往地关心和支持江都农商行的发展呀！"

简短的话语，言简情深，一阵暖意，涌上心头，使我的离愁别绪烟消云散。我想说些什么，哽咽却让我无法开口。平复好激动的心情，我脑海中闪现出工作中的一幕幕鲜活画

人难舍，情依旧（该图摄于2021年退休欢送会）

面，我笑着说："感谢信用社、农商行培养了我、成就了我，给了我施展才能的平台；感谢领导和同志们这么多年来对我的关心和支持；感谢总行今天举办的欢送会。借此机会，我想表个态：我会一如既往地关注、关心江都农商行。

此时此刻，我想到了一首歌，我唱不好，我朗读给大家听吧：

不要问我到哪里去，我的心依着你；

不要问我到哪里去，我的情牵着你；

我是你的一片绿叶，我的根在你的土地。

……

这是绿叶对根的情意！"

大方之道

为人之道 成长之道

后 记

　　人生，本就是一程不断克服困难的坎坷旅途。个中艰辛，并不会因你的热爱而减少些许。真正的热爱，就是前路坎坷也绝不言弃，经历艰辛也依然执着。正是因为有了这份热爱，才能不畏荆棘、勇敢前行。

　　早在2019年年底，就有了动笔作文的心思，真的动笔，已是2020年岁末。现在，已经是40多稿，接近尾声。此际，我被满满的幸福包围着：作文的过程中，曾经一路同行的伙伴们，给予了这样或那样的帮助，或帮助回忆，或提供图片，或形诸文字。他们还建议成立了微信群。他们是：新疆维吾尔自治区农村信用合作联社巡察办副主任许爱红女士、江苏镇江农商银行副行长王登国先生、江苏仪征农村商业银行副行长徐洁女士、江苏江都农村商业银行副行长任艳女士、工会主席兼办公室主任陈斌先生、金融市场部风险总监于庆堂先生等20多位同事。在此，一并谢谢大家！

　　作文之后，中国金融思想政治工作研究会、中国金融文化建设协会副会长兼秘书长濮旭先生、原江苏仪征农村商业银行董事长章政远先生、青松家族办公室董事长卞方平先生于百忙之中抽空写了序。

35 年的金融职业生涯，想说的也多，想写的也多，终究成了现在的样子。人生不如意事十之八九，我想这篇文字大抵也是如此。不想再去改动了，少些雕琢，或许更接近本来的真实。

　　这就是我在金融职业生涯临近结束之际，奉献给仍在金融行业中努力前行的你的一份礼物。

　　此刻，午后的阳光正好！院子里的丹桂已然飘香，风过，入窗，竟有几分清甜！真心希望一切恰如最初的开始。

　　正式退休回归家庭，在与朋友们的交流中，大家对孩子的教育、家庭的传承都很关切。通过对发达国家和地区家族传承的学习研究，发现他们的百年企业、百年家族背后都是有文化和制度支撑的。我们勤于学习西方人的科技和管理，而要使我们的家族企业基业长青，打破"富不过三代"的魔咒，更要学习借鉴百年家族企业背后的文化和制度设计。于是与几个志同道合者共同成立"青松家族办公室"，以此开启新的人生旅程。

扫二维码，关注我的未来。

　　谢谢您接受我的分享，衷心祝福大家：健康，平安，开心，幸福。

　　再次谢谢大家！

张大芳

2021 年 10 月 28 日于江都

★ 感恩祝福 ★

天下无不散的宴席，唯有情谊长存，谢谢曾经的同心同行，谢谢！

2008 年 3 月，受自治区联社的委派，我到江都联社挂职交流学习，我与大芳姐相识了。虽然只有短短的半年时间，但自此，我便与大芳姐结下一段深深的姐妹情缘。

原先陌生的两个人，从此交织在一起，甚至可以说成为我生命中不可或缺的一部分。

在江都联社挂职期间，我们几乎每天都在一起，大芳姐对我非常关心，在工作、学习和生活中都给予我热情无私的帮助、指导和关心，使我在开阔视野、增长见识、提升能力的同时，感受到如"家中大姐"般的温暖和幸福，让我在江都有了家的温暖。

挂职结束后，我回到了新疆且末县，虽然我们相隔千万里，可大芳姐始终如一地牵挂、陪伴着我，一直伴随着我走过成长路上的每一程山、每一程水。

特别是在我担任且末联社理事长以后，大芳姐和我的联系更频繁了，每当我工作上遇到困扰、生活中出现难题时，她都会耐心地分析利弊、出谋划策，帮助我分析、寻求最佳解决方案；当我遇到挫折时，她给予我鼓励，使我信心满满；当我生病时，她又像大姐般陪我就诊、嘘寒问暖、关心备至。不是亲姐妹，胜似亲姐妹，我感到无比幸福！

相识 13 年，那些笑语欢声，那些扶持守候，都堆叠成我心间深深的感动，让我寂寞的沙岸有了历历的春景。

大芳姐，相信我们能一直这样陪伴着，无论远近；相信时光再老，也老不过美好的回忆；相信我们可以看见彼此温暖的笑脸，一直到生命的尽头。

（新疆维吾尔自治区农村信用合作联社巡察办副主任

许爱红）

一晃整整 30 年了，其间跟您有着太多的交集，这是我的荣幸，对我后来的工作和生活也有着很大的影响。在我眼中，您虽然是领导，但更多的是师傅、是朋友、是大姐。

现在您即将退休，可以放下负重了。在以后的岁月中，每一天都是光鲜美丽，每一天都是开心快乐！

（江苏镇江农商银行副行长　王登国）

听闻张大芳监事长整理材料写回忆录，顿时又惊又喜，惊的是弹指一挥间，多少美好时间悄然已过，大芳监事长已逾知命之年，而我距离知命也已不远；喜的是蓦然回首，二十多年的历程，在大芳监事长和同事亲友的关心呵护下，我的人生历程竟有无数个感人美好的瞬间，这些瞬间如在阳春三月落叶缤纷的午后，我携着花篮采撷一朵朵美丽芬芳的花朵，每一朵都意义隽永，每一瓣都晶莹香满。

美丽的花朵离不开肥沃的泥土和辛勤的园丁，如果说我的美好回忆里有鲜花朵朵，那大芳监事长无疑就是那位辛勤的园丁，她总是在我和我的同事们伤心难过时送上无私的关心和贴心的温暖，在我和我的同事们迷茫无助时送上智者的指引和前进的力量；在我和我的同事们失意低沉时送上鼓励的叮咛和前行的勇气。虽然大芳监事长是位女同志，但她的眼界很宽，宽到跨越时空；她的心境很广，广到包容山海；她的爱意很暖，暖到融化冰雪；她的思路通透，可透过富贵贫穷、透过人生百态、透过似水流年……

（江苏仪征农村商业银行副行长　徐洁）

在我的记忆中，去参加江苏省联社组织的培训，或者去兄弟农商行交流学习，当对方知道我来自江都农商行时，总会有人眼前一亮，立马觉得亲切起来，然后笑容满面地说：你们江都有个张大芳行长（监事长）吧……只要是走过的地方必会给人留下深刻的印象，只要是相处过的人必会铭记于心，只要是下定决心做的事必会大放异彩，您就是这样，只要出场必定魅力无限、光芒四射。祝愿您一如既往，乘风破浪，所有的美好都会如期而至！

（江苏江都农村商业银行副行长　任艳）

现在您即将退休，但一幕幕过去的场景，仿佛就在昨日；这数十年，我从您身上学习了许多，学为人处世、学工作方法、学团队管理，使我的职业和人生之路变得宽敞和顺畅。感谢您多年来的关心和培养，祝愿您在退休后的日子里，快乐地度过每一天（最后，祝您在幸福的奶奶这一岗位上，工作顺利。哈哈，又上岗了）。

（江苏江都农村商业银行金融市场部风险总监　于庆堂）

我眼中的您：热心、激情。

热心助人、乐于助人是您在生活中一贯的生活态度，每逢开学季，总能看到您忙忙碌碌的身影，开学季也是您除了工作之外，一年之中最最忙碌的日子，为同事和朋友的小孩能够顺利就读到心仪的学校而一次次奔波协调；每逢中国传统节日来临之际，总能看到您进城区、下乡镇，深入生活贫困户的家庭，为贫困留守儿童送去诚挚的关爱，为社会上和本单位大病困难员工送去真切的关心，热心就是您八小时以外的身份标签。

富有激情是您在工作中一贯的标签，记得在您分管全行前台营销部门的那几年，您攻坚克难，迎难而上，面对激烈的市场竞争环境，勇于拼搏，敢于挑战，您的工作作风雷厉风行，激情满满，分管前台营销工作的那几年，您每年都能全部超额完成总行下达的各项目标任务，组织资金、贷款营销和电子银行等各项业绩都能实现年年倍增，江苏省联社的考评都是年年优胜。

转眼间，您到了退休的年龄，回忆过去，我永远都不会忘记您在工作上对我的教诲，对我及我的家庭在生活上的关心，祝愿您以后的生活天天开心，天天快乐。

（江苏江都农村商业银行信贷管理部总经理　王科）

时光在不经意中流逝，一不小心就到了要回首的日子了，努力想着和您一起工作和生活过的点滴，很惭愧，虽然我们相处的日子不短，记忆中的却都是一些琐碎小事……

新的一年您将正式退休，愿您转身以后的生活依旧精彩，遇到的风景更加美丽！！

（江苏江都农村商业银行运营管理部总经理　沈学慧）

一路走来，我和您，还有那些科技条线的伙伴，如今都已各在一方，家庭事业都还不错，当初的每一个人都已多了些岁月的沧桑和些许白发，但我们对彼此的思念从未停止，我想对您说：只要您还需要我，我一定会给您诚挚如初。

（江苏江都农村商业银行安全保卫部总经理　闵加华）

初看到书稿时，很是震惊，而后慢慢品味书中的一字一句，虽是话说您的工作经历，实则是记录农信改革的点滴；虽是娓娓讲述您本人的故事，却深刻映射着江都农信的成长历程。读完这本书，我从您的人生经历中看到了"机遇是留给有准备的人"，体会到了"成就是奋斗出来的"。千言万语，最想说的还是那一句"谢谢您，监事长！"

（江苏江都农村商业银行电子银行部副总经理　颜玉）

面朝大海，春暖花开！让我们一起拥抱灿烂的明天！

（江苏江都农村商业银行零售业务部副总经理　姚海琳）

您是感性的，很多人走近您，也有很多人与您保持距离。我们曾经走得很近，近到每天办公室里面对面坐着。听您讲昨晚的电视连续剧，听您讲家长里短。看您为别人打抱不平，看您无私地帮助弱者，看您因为一件小事感动落泪。我们熟悉得不能再熟悉，从各自的同学、朋友到七大姑八大姨，我在各种关系里头晕目眩，您却搞得清清楚楚，让我好生佩服。也许因为曾经走得太近，也许因为彼此眼中的对方过于真实，很长时间我不愿打扰您，在彼此的路上独行。

曾经的日子，我想我们算是朋友，算是姐妹，那就咫尺天涯，心里的感觉应该不会改变。虽然也有过"苟富贵，勿相忘"的戏说，于我而言，遵守江湖规则是做人的底线。所幸我们没有相忘于江湖，相聚，分手的时候您总是说"有事给我打电话"。我会因为这句话感动好久，一如那么感性的您。

也许过两年，儿子上大学了，我还可以陪您出去逛。不过，看您现在学会了画画，那一定是改变了好多，毕竟做了奶奶。在我心中，您还是您，心中的您即眼中的您，一直如此永如此。

（江苏江都农村商业银行运营管理部后督中心主管　许慧）

您是个注重生活品质的人，衣食住行都十分讲究，爱美爱生活，爱工作、爱家庭。您也是个洒脱坚强的人，面对突如其来的病魔，您手一挥坦然面对，脆弱和柔弱都悄悄地隐藏起来。您还是个人缘极好的人，五湖四海都有好友，去哪里都有朋友热情接待。我想，这离不开您平时很仗义、愿意帮助别人、乐于照顾别人。

希望未来，监事长身体健康、一切如意、万事顺心，我们"优雅女人小分会"的感情长存。

（原江苏江都农村商业银行国际业务部总经理　胡晓惠）

从您进丁沟信用社工作到退休，我和您都是同事，您也是我的领导。对事业追求、工作态度、宽厚人品、助人精神等都让人产生敬仰之心。

每朵盛开的铿锵玫瑰都要经过涅槃般的淬火和历练。您用您的睿智从工作开始规划自己的职业生涯，并为之努力，认真做事，踏实做人。通过多年的拼搏努力，书写了一页页美丽的篇章。从您光鲜一面可窥视出在职业生涯中付出艰辛、汗水、承受的委屈。唯一不变的是对职业、事业的追求。

乐于助人是您不变的精神财富。帮我母亲住院的事，使我终生难忘。每当我回忆此事，情景又一次浮现眼前，眼睛又湿润了。您助人的事不胜枚举，我相信会有许多人和我一样，对您都有感激之情。

在工作中，常常会遇到意见分歧，甚至发生争执。事后，您会大度豁达，一如既往关心他人，从不把不愉快的事放在心上。赢得大家尊重。

您个人的魅力值得欣赏，您的工作魄力值得借鉴，您的宽厚人品值得学习。

（原江苏江都农村商业银行城东支行行长　刘立平）

虽然久闻您的大名，但真正和您相识已是2019年，您对工作的认真、执着、甚至苛刻地追求至善至美，给我留下了深刻的印象，让我从开始的不适应到渐渐对您产生了敬佩之心。出差途中、工作闲暇之余，您对我们的生活、娱乐等方方面面想得细致、周到，让我感觉到您细心、温柔的另一面。写文章、画画、做美食又展现了您的多才多艺，您是干一行、爱一行、精一行、成一行，汉子的豪爽大方和女性的柔情似水完美地集于您一身。

工作上，您既是制定作战方案的指挥员，又是带头冲锋陷阵的战斗员，每当工作遇到"肠梗阻"时，您的座右铭是"办法总比困难多"，通宵达旦、言传身教，带领大家攻克一个个的"堡垒"；生活中，您兴趣广泛，多才多艺，上得了厅堂、下得了厨房，您做的狮子头、包的鲜肉粽让新疆同僚爱不释口，再三索求。

对事业，您是精益求精，容不得半点瑕疵，哪怕为此得罪他人；对朋友，您既豪爽大方又柔情似水。有朋自远方来，哪怕身体不舒服也要坚持亲自接待，安排好全程活动，让人有"宾至如归"的感觉。一曲《朋友》，您唱得梨花带雨，让所有的朋友都为之动容。

相见恨晚，我为有幸认识您这样的领导而感到庆幸、自豪。愿您的下一段人生更加辉煌灿烂。

（原江苏扬州农村商业银行风险管理部副总经理　董斌）

张大芳，曾用名张大方，所以此书以"大方"为名。

女大侠，真诚待人热心肠。女汉子，百折不挠坚如钢。

好闺蜜，贴心关怀暖心房。好女儿，奉亲孝老美名扬。

好爱人，相敬如宾情谊长。好儿媳，嘘寒问暖赛亲养。

好母亲，时与子媳话家常。好职员，哪里需要哪发光。

好同事，相互帮忙共成长。好领导，同心同行同分享。

好党员，党建引领树榜样。好公民，援疆扶弱奔康庄。

好好好，如今梅开二度香，不叫余生逐水长。

（编辑按）

168